绿色经济

助力经济高质量发展研究丛书

本书受到以下项目资助：2023年度江苏高校哲学社会科学研究一般项目“协同创新视角下环境规制对企业绿色技术创新的影响研究——以江苏省为例”（项目编号：2023SJYB1948）；2023年江苏高校青蓝工程项目。

环境规制、管理者环境认知与绿色技术创新

陈秀秀 著

西南财经大学出版社
中国·成都

图书在版编目(CIP)数据

环境规制、管理者环境认知与绿色技术创新/陈秀秀著.--成都:西南财经大学出版社,2025.2.
ISBN 978-7-5504-6557-2

Ⅰ.X322.2

中国国家版本馆 CIP 数据核字第 2025X3P525 号

环境规制、管理者环境认知与绿色技术创新

HUANJING GUIZHI、GUANLIZHE HUANJING RENZHI YU LÜSE JISHU CHUANGXIN

陈秀秀 著

策划编辑:王青杰
责任编辑:王青杰
责任校对:高小田
封面设计:星柏传媒 张姗姗
责任印制:朱曼丽

出版发行	西南财经大学出版社(四川省成都市光华村街 55 号)
网　　址	http://cbs.swufe.edu.cn
电子邮件	bookcj@swufe.edu.cn
邮政编码	610074
电　　话	028-87353785
照　　排	四川胜翔数码印务设计有限公司
印　　刷	成都金龙印务有限责任公司
成品尺寸	170 mm×240 mm
印　　张	11
字　　数	186 千字
版　　次	2025 年 2 月第 1 版
印　　次	2025 年 2 月第 1 次印刷
书　　号	ISBN 978-7-5504-6557-2
定　　价	68.00 元

1. 版权所有,翻印必究。
2. 如有印刷、装订等差错,可向本社营销部调换。

前　言

随着全球工业化的快速发展和经济全球化的不断深入，由人口增长和粗放生产方式所引发的全球环境问题愈发严重，例如生态破坏、环境污染、能源过度消耗以及资源短缺等。这些问题已将气候变化推至全球关注的前沿，使得应对环境挑战成为一项迫切的全球任务。改革开放40多年来，我国经济取得了举世瞩目的成就。然而，这一成就的背后却伴随着资源环境的沉重负担，如巨大的能源耗费、资源枯竭的危机以及环境状况的恶化等。面对国际社会和国内生态环境的双重挑战，我国政府已将环境保护提升至国家战略的高度。在我国这样一个制造业大国中，众多企业在政府的环境监管下，往往对环境管理缺乏足够的重视。它们倾向于采取被动防御的环境策略，更注重生产后期的污染治理，而忽视了前期预防和生产过程中的污染控制。这种做法不仅会导致企业经营成本上升，竞争力受限，而且难以满足市场对绿色产品不断增长的需求。在环境政策日趋严格的大背景下，企业应积极投身于绿色技术创新，主动制定以绿色发展为核心的发展战略，研发出具有市场竞争力的新工艺、新技术、新系统和新产品。这将有助于企业最大限度地减少环境污染，实现经济社会与生态环境的和谐、全面、可持续发展。在此背景下，我们需要深入探讨不同环境规制对企业产生的具体影响，理解为何管理者的环境认知在环境规制与绿色技术创新的关系中占据重要地位，以及这种认知是如何具体影响绿色技术创新的。同时，我们还需要研究在多元市场主体相互博弈的情境下，企业应如何明智地选择绿色发展战略，以推动在环境规制框架下的绿色技术创新，并在此过程中如何优化企业的绿色技术路线选择。这些问题不仅具有紧迫性，而且具有重要的现实意义。

本书以环境规制、管理者环境认知与绿色技术创新作为研究对象。第一，在阐述基本概念和相关理论的基础上，从环境规制对企业绿色技术创新、管理者环境认知对企业绿色技术创新以及管理者环境认知的调节作用三个角度设定了本书的理论框架；第二，从协同主体、协同路径和利益关系三个角度分析了管理者环境认知的协同机理，在设定研究假设的基础上，构建了包括中央政府、地方政府和管理者在内的博弈论模型和支付矩阵，对收益期望函数和均衡点稳定性进行了分析，利用 MATLAB 软件对管理者环境认知的企业绿色技术创新影响进行了数值模拟；第三，以上市公司作为样本，以企业实用和发明绿色专利及二者之和作为因变量，实证分析了环境规制对企业绿色技术创新的影响，利用系统 GMM 模型分析了模型的内生性，从增加控制变量、替换核心解释变量两个角度验证了结论正确性，而企业所有制类型、企业规模大小和环境规制的强弱对本书研究结论并无影响；第四，在探讨管理者环境认知和环境规制对企业绿色技术创新影响单独分析的基础上，深入探讨了管理者环境认知在环境规制条件下对企业绿色技术创新的调节作用机制，系统梳理了三者之间的关系；第五，在上述研究结论的基础上，利用 fsQCA 模型分析了如何在环境规制条件下，更好地发挥管理者环境认知的调节作用，促进企业绿色技术创新水平的提升。

具体的研究内容和结论如下：

（1）以实际环境规制条件下绿色技术创新的实际情景为导向提出研究假设，选择政策的推动方、执行方和接受方三个对象，构建了政府与企业对绿色技术创新的协同作用的非合作演化博弈模型，分析在中央政府环保及绿色创新战略下，地方政府实施正向绿色技术创新支持以及负向绿色技术创新惩罚对促进企业绿色技术创新外部激励机制的博弈分析以及理想演化稳定均衡，对各个初始意愿下环境及绿色技术创新举措组合促进企业绿色技术创新政策仿真。

（2）本书通过面板数据回归分析发现，环境规制能够显著促进企业绿色创新，环境规制对企业绿色技术创新的作用会受到企业所有制、环境规制强度与企业规模大小异质性的影响，但该影响仅仅是强度的影响，不会影响其方向。

（3）管理者环境认知会对环境规制和企业绿色技术创新的影响起到调节作用。管理者环境认知在环境规制与企业绿色创新中发挥了重要的调节作用，而且这个作用是正向强化的，即更高的管理者环境认知会强化环境规制对企业绿色创新的促进作用，而更低的管理者环境认知则会弱化环境规制对企业绿色创新的促进作用；存在两条绿色技术创新实现组合路径和两条应规避的路径。

（4）通过构建一个基于“不对称创新”概念的新研究框架，整合了市场—机构—技术维度，构建了一个条件分组以进一步研究未来绿色技术创新水平的可实现路径。中国各地区的绿色技术创新水平显示出显著的区域差异和集聚辐射效应。绿色技术创新程度从东部沿海向西北综合经济区呈现出明显下降的趋势。不存在单一要素构成非高绿色技术创新水平的必要条件，这表明阻碍绿色技术创新的原因很多，需要从内部和外部进行彻底和平衡的处理。存在两条绿色技术创新实现组合路径和两条应规避的路径。对于要素基础相似但绿色技术创新水平较低的地方有市场驱动型创新和自主开放型技术投入两种方式，这两种方式具有相同的等效性。

通过研究，本书的贡献主要有以下几点：

（1）分析了管理者环境认知对绿色技术创新的协同机理，构建了包括中央政府、地方政府和企业在内的三方博弈模型，从初始意愿、支持力度和惩罚力度三个方面进行了数值模拟，完善了管理者环境认知对绿色技术创新影响的仿真模拟。

（2）将企业绿色技术创新分为实用新型绿色专利和发明绿色专利，研究了环境规制对企业绿色技术创新的影响，并从企业规模大小、企业所有制类型和不同解释变量方面进行了异质性分析，从新增控制变量、不同类型解释变量角度进行了稳健性检验，丰富了环境规制对绿色技术创新的影响研究。

（3）构建了包括环境规制、管理者环境认知和企业绿色技术创新三个方面的理论框架，分析了管理者环境认知在环境规制与企业绿色技术创新之间的调节作用，是对环境规制和管理者环境认知对绿色技术创新影响研究的拓展。

（4）区别于以往从单个方面进行研究，将环境规制、管理者环境认知和企业绿色技术创新纳入统一框架，利用 fsQCA 模型提出了企业绿色技术创新的提升模式，为提高企业绿色技术创新水平提供了新的思路。

陈秀秀

2024 年 12 月

目　录

1 绪论

1.1 研究背景与研究意义

1.1.1 研究背景

随着全球工业经济的迅猛发展和经济全球化的持续推进，人口急剧增加以及粗放型生产生活模式已经对环境造成了日益严重的压力。全球范围内，生态破坏、环境污染、能源过度消耗和资源匮乏等问题接踵而至，使得气候变化成为全球瞩目的热点问题。面对这一严峻形势，积极回应并解决环境问题已然成为国际社会的共识。自 1972 年在斯德哥尔摩通过具有划时代意义的《联合国人类环境会议宣言》以来，全球环境保护事业逐步展开。1983 年，联合国进一步成立了世界环境与发展委员会，推动各国在“人类共同福祉”的基础上，就“可持续发展”方向达成了广泛共识。此后，为了共同应对气候变暖的挑战，世界各国于 1997 年签署了《京都议定书》，并在 2009 年针对 CO_2 排放量问题颁布了《哥本哈根协议》。到了 2015 年和 2016 年，具有法律约束力的《巴黎协定》在巴黎气候变化大会上获得通过并在纽约签署，标志着国际合作应对气候变化迈入了新的历史阶段。2018 年，《联合国气候变化框架公约》第二十四次缔约方大会在波兰卡托维兹成功举行，各国政府、相关组织及气候变化专家齐聚一堂，共同商讨并推动了《巴黎协定》的实施细则的制定，为全球绿色经济的发展提供了重要的战略指引。这一系列重大事件不仅彰显了国际社会应对气候变化的坚定决心，也为各国制定内部政策提供了有力的参考和启示。由此可见，气候变化已经上升为威胁全球经济稳定增长的挑战之一。在这一背景下，全球经济模式正逐步由传统向绿色可持续转变。因此，如何实现自然资源、生态环境与人类社会的和谐共生与可持续发展，无疑成为当前亟待解决的重要课题。

中国的经济增长曾经依靠规模的扩大和粗放型的发展模式，这一模式在2021年使得中国的GDP增长率达到了8.1%，在全球主要经济体中名列前茅。然而，这种快速的经济增长同时也带来了资源消耗、资源枯竭风险和环境污染等问题。应对国际社会和生态环境对减排的要求，中国政府已经把环境保护问题作为国家战略来对待。在2015年的巴黎气候协议中，中国承诺到2030年将单位GDP的二氧化碳排放量比2005年减少60%至65%。此外，“十四五”规划强调了绿色发展的重要性，并提出了创新驱动的发展战略。2015年的政府工作报告明确指出，要坚决打赢节能减排和环境治理的硬仗，并加快绿色技术和产品的研发。中国为了进一步推动绿色发展，2018年国家发展和改革委员会发布了《国家发展改革委关于创新和完善促进绿色发展价格机制的意见》，这份文件提出了一系列创新性的建议，旨在完善绿色发展的价格机制，这标志着绿色发展政策的一个重大进步。这表明，“绿色”与“创新”已成为解决当前资源环境问题、推动经济绿色可持续发展的关键战略，并且是各国在新竞争格局中的起点和主要驱动力。绿色技术创新注重发展新型工艺、产品，旨在减少污染并提升能源效率，与传统技术可能引发的环境污染不同。由于绿色技术创新具有正面的知识外部性和负面的环境外部性，企业往往难以获得足够的创新回报。因此，在有效的环境规制下，市场引导成为一种重要的战略选择，用以弥补绿色技术创新的“双重外部性”。

我国正处在以制造业为主导的工业化中期阶段，这一行业虽然支撑着国民经济的发展，却也带来了高消耗和高污染的问题，且具有显著的产业关联性和技术资本密集的特点，提供了大量的就业机会。在追求经济、环境和能源目标的过程中，制造业扮演着关键角色。但是，由于技术原创性不足和过度模仿，制造业在生产过程中能源消耗巨大且效率低下。因此，企业亟须通过绿色技术创新来解决资源和环境问题。尽管我国政府实施环境规制，但许多企业在环境管理上仍显不足，往往仅在生产后期采用末端治理技术，而忽视预防措施。这种做法不仅导致运营成本上升，也影响了企业的竞争力，同时无法满足消费者对绿色产品的需求。面对政府越来越严格的环境政策，企业应积极把握机遇，推动绿色技术创新，制定以绿色发展为核心的环境管理策略。通过开发具有竞争力的新工艺、新技术、新系统和新产品，企业应严格控制环境污染，力求实现经济社会与生态环境的全面、协调和可持续发展。

学术界正在深入研究绿色创新对企业绿色竞争力的影响，认为在绿色发展趋势下，提升企业绿色竞争力至关重要。通过分析现有文献，研究者们从宏观和微观两个角度探讨了影响绿色竞争力的因素。宏观层面涉及国家政策和行业压力，而微观层面集中于企业生产和运营，尤其是大型和上市公司的管理层认知，但对中小型企业的研究不足。中小型企业中，由于管理层对企业的发展起着核心作用，因此研究这些企业管理者的环境认知如何影响企业绿色竞争力非常重要。首先，管理者的环境认知是塑造企业绿色竞争力的关键。随着环境问题的重要性日益增强，国家推动“绿色发展”理念，使管理者的环境认知与企业长期发展紧密结合。管理者基于有限理性，会根据自身的认知关注、解读和应对环境问题，进而影响企业战略。在中小型企业中，管理者的决策对企业未来具有决定性意义，他们的环境认知能直接促使企业走向绿色发展道路，并可能推动企业采取创新的绿色战略，形成独特的绿色竞争力。其次，绿色竞争力对企业的可持续发展具有重要影响。尽管中国资源丰富，但长期的经济高速发展导致资源消耗和浪费严重。随着生活水平的提升，人们对环境问题的关注日益增加，企业的绿色发展已成为新时代企业持续发展的必要条件。企业不再仅关注经济效益，还需考虑其对环境的影响。消费者也更倾向于购买绿色产品。忽视环境问题的企业最终可能被市场淘汰。因此，提升绿色竞争力成为企业实现可持续发展的关键。

因此，本书立足于资源理论、制度理论、利益相关者理论以及计划行为理论等理念，充分考虑我国企业的具体情况，通过对企业绿色技术创新的阶段性特征进行详细划分，深入探讨了环境政策如何复杂地影响企业绿色技术创新的进程。这一研究为我国在绿色可持续发展阶段制定有效的环境政策、提高企业绿色技术创新能力提供了重要的政策制定思路。

1.1.2 研究意义

本书的研究具有理论与实践的双重意义。

在理论层面，环境规制与技术创新作为研究焦点，吸引了国内外众多学者的目光。尽管我国企业在绿色发展、节能降耗方面的实践探索已成为热议，但现有研究仍显得分散且结论多元。伴随着我国环境规制体系的日臻完善，制造业各行业在绿色技术创新上展现出显著的差异性。在此背景下，本书对环境规制与企业绿色技术创新关系的深入探讨，不仅为当前尚未成熟的理论体系注入了新的活力，也拓展了分析框架的边界。本书从绿色技术创新的视角切入，展开了多层次的研究。首先，深入挖掘了我国企业绿色技术创新的内外动力源，借助面板数据模型，详细分析了环境规制对这些动力的具体影响，并辅以制造业企业的实际数据进行实证检验。其次，借助计划行为理论，本书揭示了环境规制如何影响企业的绿色技术创新行为，通过层次回归分析进一步夯实了这一发现。再次，与当前研究多关注环境规制与企业绿色技术创新效率之间的简单线性关系不同，本书创造性地构建了两者之间的非线性面板门槛模型，为理解这一复杂关系提供了新的视角。最后，本书还通过构建三方博弈模型，深入探讨了环境规制在绿色技术创新扩散中的作用，从而丰富了该领域的研究内容和方法论体系。

在实践层面，本书深入分析了中国绿色可持续发展背景下企业绿色技术创新的详细过程。研究聚焦于中国企业在资源环境限制、技术原创性短缺以及过度模仿等方面所面临的挑战，这些挑战一定程度上也导致了生产过程中资源的大量消耗和环境的恶化。本书结合理论与实证研究，探讨了环境规制对企业绿色技术创新的影响路径和效果。这项研究在促进企业绿色技术创新、优化政府环境规制、增强企业可持续竞争力以及推动新型工业化方面具有显著的实际意义。具体来说，本书的研究有助于揭示环境规制如何激励或限制企业的绿色技术创新行为，以及这些创新如何提升效率和推广应用。其成果可作为政府制定高效环境规制政策和绿色创新策略的参考，同时为企业在经济转型阶段实施绿色技术创新的战略和管理提供帮助。此外，本书还为我国制造业如何依据自身可持续发展目标，采取更具针对性的行动提供了战略性建议。

1.2 国内外研究现状

1.2.1 国外研究现状

（1）环境规制的相关研究

“规制”一词，源自日本学者对英文“regulation”的翻译，指的是政府或规制机构通过具有法律效力的手段来限制和调控市场主体的经济行为，以优化市场机制。规制通常分为经济性规制和社会性规制，其中环境规制属于社会性规制范畴。关于环境规制的定义，学术界尚未达成共识。一些学者通常把“环境规制”和“环境政策”视为相同概念。19 世纪末，Marshall 在《经济学原理》中提到环境资源具有与其他资源不同的特性。Pigou 在《福利经济学》中分析了外部性问题，并提出了环境税的想法，指出个人追求利益的行为导致的环境污染损失若超过其创造的社会效益，会降低社会总效益，而环境规制可以通过规范企业行为来减少环境成本和提升社会效益，从而有利于社会经济的发展。美国经济学家、诺贝尔经济学奖得主 Stigler 对规制给出了明确而全面的定义，认为它是政府为满足特定利益集团需求而制定的制度和政策，其本质是运用国家的强制权力，这一观点已得到学界的广泛接受。Spulber 则将规制视为政府的行为或经济规则，旨在直接干预市场的资源配置机制或间接影响社会公众的供需决策。

关于环境规制的研究探讨，Ostrom（1986）提出，规制工具是根据政策目标，政府采取的有效执行手段，是整合现有规则和行为的一种机制，并为这些行动组合设计了相应的制度规则。大多数国内外学者倾向于将环境规制视为政府规制的同义词。Baumol（1988）认为，市场型环境规制工具能促进更严格的污染控制技术，在环境标准一致的情况下，市场型环境规制更有效。Pargal 等（1996）首次提出非正式环境规制的概念，即当政府不积极实施或忽视正式环境规制时，社会团体为维护高标准环境质量，会与污染企业就减排问题进行谈判或协商。Kemp 等（1998）将环境规制政策分类为直接命令控制、相互信息沟通和依赖市场的经济手段。Kathuria（2007）以印度为研究对象，通过实证分析发现，非正式环境规制对企业的污染排放有显著的抑制效果。Blohmke 等（2016）指出，环境规制工具旨在实现规制目标，也是建立环境规制体系的基础。Xie 等（2017）对正式和非正式环境规制进行了区分，并深入研究了这两种规制方式在实际环境治理中的应用和效果。我们可以看到，环境规制作为保护环境、促进可持续发展的重要手段，其实施效果和影响力受到了广泛关注。从 Ostrom（1986）的规制工具理论，到 Baumol（1988）的市场型环境规制工具研究，再到 Kemp 等（1998）的环境规制政策分类，这些经典理论为我国环境规制政策的制定和实施提供了有益借鉴。同时，非正式环境规制的提出，使得我们在环境治理中不仅要关注政府规制的作用，还要关注社会团体、企业等非政府主体的参与和影响。

关于环境规制测度的研究，海外学者的研究方法主要分为两类。第一类是使用单一指标来评估环境规制的强度。比如 Javorcik 等（2003）通过统计环境规制法规的数量来衡量规制的严格程度；Antweiler 等（2001）以人均收入作为衡量环境规制的指标；Copeland 等（2001）用人均 GDP 来代表环境规制的强度；Cole 等（2003）通过污染物排放总量与工业产值的比率来评估环境规制；Wang 等（2016）则通过废气和废水处理费用与营业收入的比例来衡量环境治理的效果。第二类方法是构建一个包含多个指标的综合指数来评估环境规制。Walter 等（1979）首次在环境规制测度中应用这种方法，他们选择了一系列与环境规制直接或间接相关的指标，创建了一个综合指数模型，以最大化地反映这些指标的信息，从而有效地衡量环境规制。Xu（2000）在其研究中，基于国际环境基础层面的考量，选择了与空气、土地、水源和生产资源等环境密切相关的指标，构建了反映各国环境规制综合情况的指数。

（2）绿色技术创新的相关研究

绿色技术创新的探讨已成为近年来的研究焦点。该概念起源于 20 世纪 60 年代，当时西方发达国家为应对环境污染问题，一方面制定了一系列环保标准和管理制度，另一方面推动了绿色研发机构的建立，以技术创新途径解决环境问题。1994 年，Braun 等首次全面解释了“绿色技术”，它涵盖了能节能减排的技术、工艺和产品。这之后，学术界开始广泛探讨绿色技术创新，主要从两种视角来解读。第一，从生产全过程看，有学者从系统学角度阐释绿色技术创新过程。如 Kawai 在 2005 年分析了索尼产品的绿色设计实践，将其分为四个阶段，展现了一个从个体到整体、从简单到复杂、从渐进到根本的创新过程。OECD 在 2009 年提出，绿色技术创新包括研发或改进新产品、工艺和营销方法，即使这些创新的初衷并非为了环境保护。Cheng 等在 2012 年从生态组织、生态工艺创新和生态产品创新三个维度定义了生态创新绩效。第二，从创新特征视角，James 等在 1997 年从微观层面定义绿色技术创新，认为它能同时降低环境污染、提高企业利润和活力。Ramu 等在 2000 年提出，绿色技术创新是企业内部人员通过技术改进减轻环境压力，进而提升企业绩效的行为。Horbach 等在 2011 年给出的环境创新定义则包含了实现环境保护目标的产品、过程、营销方式和组织创新行为。

综合回顾关于绿色技术创新影响因素的研究成果。Wagner 于 2007 年提出，企业内部对环境保护的认识深度与绿色专利的数量之间存在显著相关性。同年，Schaefer 揭示了制度性压力是促使企业主动实施绿色战略的核心动力。Horbach 在 2008 年强调了政府监管在激励企业进行环境治理、节能减排和降低噪音以及提高产品回收率方面的有效性。Eiadat 等在 2008 年的研究指出，绿色营销等市场策略能激发企业的绿色创新，并有助于形成循环经济的激励机制。Lee 在 2008 年提出，消费者需求、政府支持和绿色供应链的发展水平是企业采纳绿色实践的主要驱动因素。Demirel 等在 2011 年提出，环境法规和企业追求成本节约的策略动机是促进绿色创新的关键。在同年的案例研究中，Kemp 等发现市场导向的环境规制对绿色创新虽有正面影响，但并不显著。Chang 在 2011 年的研究中发现，企业的环境伦理观念对绿色产品创新有积极推动作用，并可帮助企业赢得长期竞争优势。Dubey 等在 2015 年的研究中认为，来自政府、客户和供应商等利益相关者的压力显著促进了企业对绿色创新的追求。Roper 等在 2016 年提出，绿色创新与私募股权投资和市场创新风险正相关，而创新风险受外部环境和市场因素的影响较大。

学术界对绿色技术创新的推动因素进行了广泛的研究。其中，一些研究集中于探索企业绿色创新的动态发展及其特性。例如，Cooke 在 2010 年的研究中分析了区域创新系统的构建，提出通过产业发展和“大学—产业—政府”创新互动的整合，实现了区域知识的传播和创新收益的增加。Crespi 等在 2015 年提到，在生态创新和环境政策的演变中，环境政策与技术政策之间的区别逐渐模糊。还有研究使用演化博弈理论来探讨企业绿色技术创新的道路。Reinganum 在 1981 年将博弈论引入技术创新扩散的微观层面研究。Cantono 等在 2008 年通过考虑消费者偏好的差异并运用 Agent 仿真方法，发现有限的补贴政策能够促进绿色技术的推广。Krass 等在 2011 年建立了一个碳税对企业创新和碳减排技术影响的斯塔克尔伯格模型，认为适宜的碳税税率能促使企业采用低碳技术减少碳排放。Gil-Moltó 等在 2013 年提出了一个技术创新减排对碳税影响的古诺双寡头竞争模型，并通过仿真发现，技术创新对碳税税率的影响从正面转为负面。Cohen 等在 2016 年通过两阶段 Stackelberg 博弈，分析了政府绿色技术补贴对制造企业和消费者决策的影响。

（3）管理者环境认知的相关研究

关于管理者环境认知的研究，国际学术界主要从战略视角和企业绩效两个维度展开。在战略视角方面，Dutton 等在 1987 年的研究中提出，企业的环境认知具有双重性质，它既可以作为企业发展的机遇，也可能成为阻碍企业进步的障碍。企业能否利用其对环境的认知采取主动策略，决定了其能否借此加速成长。相反，消极应对则可能阻碍企业的进展。Child 在 1972 年的工作中探讨了企业高层管理者对环境的认知如何在特定的企业背景下影响战略选择和绩效，得出管理者的环境认知对企业战略和绩效有显著影响的结论。在企业绩效方面，Penrose 在 2009 年提出，企业的内部管理能力是动态成长的核心，只有当管理能力与资源有效结合，并在管理框架内得以运用时，企业才能实现可持续发展。

（4）环境规制对绿色技术创新的影响研究

关于环境规制对绿色技术创新作用的研究，学界观点不一。第一种观点是环境规制可以促进绿色技术创新。例如，Porter 等经济学家在 1995 年提出了“波特假说”，认为环境规制虽可能提升企业生产成本，但也能激发企业技术创新。Ambec 等在 2002 年通过企业与管理者的博弈模型发现，环境规制能提升企业研发成果和预期利润。Domazlicky 等在 2004 年提出，合理温和的命令控制政策能提升企业生产效率。Cole 等在 2010 年指出，相较于规制较宽松的国家，环境法规严格的国家更可能实现创新，环境规制对技术创新具有正面影响。第二种观点是环境规制会抑制绿色技术创新。Cesaroni 等在 2002 年的研究发现，过度的环境规制可能阻碍欧洲化学工业企业进行绿色技术创新。Chintrakarn（2008）认为，环境规制导致企业投资生态项目，减少其他盈利项目投资，对企业长期发展不利。Ramanathan 等在 2010 年的研究表明，环境规制在短期内对技术创新有负面影响。Testa 等（2011）认为，环境规制因增加企业成本，严重阻碍了技术创新。第三种观点是环境规制与绿色技术创新的关系并非简单的线性关系。Minghua 等在 2011 年利用中国三个地区的数据进行实证分析，发现环境规制对技术创新有长期正面影响，但两者间的格兰杰因果关系存在差异。Perino 等（2012）认为，政策严格性与技术采用率的关系呈倒 U 形。Wang 等在 2016 年的研究表明，环境规制强度与环境效率之间存在 U 形关系，且存在三个阈值。

数十年的研究表明，相较于命令控制型环境规制，市场激励型环境规制政策通常能更有效地推动绿色技术创新。Weitzman 在 1974 年提出，排污税在预期收益率曲线趋于水平时，相较于仅依赖行政命令，能更有效地激发技术创新。Milliman 在研究排放标准、政府补贴和配额后发现，排污许可和税收对技术创新更具吸引力。Montero 在 2002 年表示，在寡头垄断市场中，排污标准和税都能促进绿色创新。Kemp 等在 2011 年强调了规制工具选择对环境技术创新的重要性。Storrøsten 等在 2014 年的研究发现，数量型环境规制在面对企业内生性技术变化时具有最佳的激励效果。然而，也有研究持不同观点或保持中立。Alpay 等在 2002 年指出，企业作为配额的购买者和出售者之间的差异显著影响可交易配额激励技术创新的效果，其效果与单一环境标准相比尚需观察。Mickwitz 等（2003）的研究表明，环境规制不仅直接影响技术创新，还能通过企业环境战略间接影响绿色技术创新，但影响效果因情况而异。Fischer 等（2003）认为，企业排污量和技术水平是规制工具创新激励效应的关键，在可预测环境规制强度的情况下，不同规制工具的效果差异不大。Zhao 等（2015）认为，命令控制型和市场激励型手段关注的是不同层面的激励效果，前者对企业技术创新能力和竞争优势的提升有极大促进作用，后者有助于企业绿色发展战略行为的产生。Xie 等在 2017 年利用我国区域数据进行实证研究，发现环境规制与绿色生产力之间存在非线性的规制门槛效应，命令控制型规制存在双重门槛，而市场激励型规制存在单一门槛。Walz 等在 2011 年的实证考察显示，不同类型环境规制工具的技术创新激励效果在特定条件下差异微弱，且每种工具的约束作用都需要满足特定条件。进一步的研究还发现，环境规制政策工具的选择和实施效果受到多种因素的影响，包括企业的规模、行业特征、地区差异以及市场环境等。例如，大型企业可能更能承受命令控制型规制的成本，而小型企业可能更倾向于市场激励型规制。此外，不同行业的技术特点和污染程度也会影响规制政策的有效性。在某些行业中，排放标准可能更容易实施，而在其他行业中，市场激励型政策如碳交易市场可能更为有效。此外，环境规制政策工具的长期和短期效果也是一个重要的研究议题。一些研究表明，短期内命令控制型规制可能迅速减少污染物排放，但长期来看，市场激励型规制能够更有效地促进绿色技术的创新和应用。这是因为市场激励型规制能够激励企业寻找成本效益好的减排解决方案，而不仅仅是遵守排放限制。环境规制政策工具对绿色技术创新的影响是一个复杂的问题，需要综合考虑多种因素。政策制定者应该根据具体情况选择合适的规制工具，以实现环境保护和技术创新的双重目标。未来的研究应该继续对比不同规制工具的优劣，以及探索如何更好地设计环境规制政策以促进绿色技术的发展和应用。

1.2.2 国内研究现状

（1）环境规制的相关研究

环境规制的研究涉及多个视角。赵玉民等于2009年提出，环境规制旨在实现环境保护的目标，通过有形或无形的手段对个人或组织施加约束。许慧在2014年的研究中，将环境规制描述为政府通过政策法规和其他措施，对微观经济主体的活动进行干预和约束，以解决外部市场在环境保护方面的失效问题，并促进环境与经济的和谐发展。任力等在2015年提出，环境规制是政府为解决企业等经济主体带来的环境外部不经济问题而实施的政策措施。黄清煌等（2017）将环境规制定义为政府部门对企业等经济主体的排污行为进行限制和约束，以减轻环境污染和改善环境质量。杨辛夷在2018年的研究中，将环境规制视为政府针对企业生产经营活动对环境造成的影响，制定和实施的政策制度、标准、条约及法律。唐勇军等（2019）认为，环境规制是政府调节企业生产经营活动引起的环境外部不经济问题，以实现环境和经济的可持续发展。

环境规制工具是学术研究的重点领域，学者们对其进行了多维度的探讨。首先，根据对受规制者的影响程度，环境规制工具可分为正式和非正式两类。正式环境规制涵盖命令控制型和市场激励型，而非正式环境规制则涉及社区、公众、环保组织及媒体的压力。周海华等（2016）将正式环境规制具体化为排放标准、监控系统、稽查活动、技术标准和污染税等方面，非正式环境规制则包括公众的申诉、控告等。俞止漂等（2019）通过行政化指数、市场化指数和社会、群众关注度等指标来区分正式和非正式环境规制。江小国等（2019）则认为正式环境规制是政府通过行政手段限制企业排污，非正式环境规制则能提升公众环保意识、加强监督和曝光污染企业。其次，根据对企业行为的不同限制方式，环境规制工具包括命令控制型、市场激励型、信息披露型、自愿规范型和商业-政府合作型。最初，环境规制被视为政府的命令控制型规制，但随着发展，市场激励型和自愿性协议等新型规制工具也陆续出现。宋爽等（2017）分析了法律法规、环境税和排污权交易等工具在治理环境方面的效果。汪海凤等

（2018）将环境规制划分为立法管制型、执法管制型和经济型。杨辛夷（2018）研究了不同类型规制工具对环境成本的影响。

国内外关于环境规制量化研究方面，存在多种共识方法。一种常见的方法是采用简洁的定量指标，例如污染处理的资本投入。张成（2011）以工业污染处理的总投资额作为环境规制强度的衡量标准，肖黎明（2017）则选用环境污染治理投资占国内生产总值（GDP）的比例，而董会忠（2019）则选取工业废水和废气处理设施的运行成本占工业增加值的比例作为指标。陆旸（2009）则通过人均收入水平来评估环境规制的程度。另外，污染物排放量也是常用的衡量手段。李婉红（2013）和李平等（2013）分别采用污染排放物总量与工业产值的比值以及单位产值的碳排放量进行衡量。此外，综合指数法也是一种流行的测量方式，李玲（2012）、余东华（2016）和谢乔昕（2018）等研究者通过工业废水、固体废物和二氧化硫（SO_2）排放量构建的综合指数来评估环境规制。王杰（2019）则综合考虑了废水排放达标率、固体废物利用率以及 SO_2、烟尘、粉尘去除率等多个指标来计算环境规制的强度。

（2）绿色技术创新的相关研究

绿色技术创新的定义成为学术界探讨的焦点，并获得了国内专家的高度重视。这一理念主要被分为两种视角来阐释和明确。一方面，部分研究者基于绿色技术创新的整个过程来探究其定义。例如，蔡宁与葛朝阳（2000）将绿色技术创新视为对传统研发、生产及应用全流程的绿色转型。李平（2005）从技术社会形成论的角度出发，认为这是一个多元社会群体共同参与的过程。王建华（2010）采用三重螺旋模型理论，将其看作企业、政府和大学等机构共同参与的一个系统过程。李昆（2017）指出，绿色技术创新是一个融合技术和市场的复杂过程，其成功在很大程度上依赖于供应链系统为创新活动提供的平台支持。另一方面，还有研究者从创新特性的角度来界定绿色技术创新。甘德建等（2003）指出，绿色技术创新涵盖了工艺、产品以及意识三个方面的创新，旨在实现可持续发展的目标。王园园（2013）将绿色技术创新视为一种旨在商品化绿色技术成果的经济活动和社会活动。杨东等（2015）认为，绿色技术创新是一种探索性的新知识和技术路线创新，旨在实现环境效益和经济效益的双重目标。惠岩岩（2018）则将绿色技术创新的核心视为保护生态环境，即将生态观念融入生态系统，并培养全民的环保责任感，以实现“生态—经济—社会”

的综合效益最大化。

绿色技术创新的影响因素已成为学术界研究的重要内容，国内学者们从多个角度进行了深入探讨。聂爱云等（2012）指出，政府通过制定适度的环境规制和创新政策，可以有效激励企业进行绿色技术创新和推广。张钢（2014）通过扎根理论法发现，预期经济收益、冗余资源和利益相关者压力对绿色创新战略的影响程度不同。陈兴荣（2014）从政府、居民、市场和企业四个方面分析了影响企业环境行为的多因素。雷善玉（2015）的实证研究显示，技术能力对环保企业的绿色技术创新有正面效应。马媛（2016）在对资源型企业的研究中指出，利益相关者压力对绿色创新的作用尤为突出。宋维佳（2017）利用 2010—2014 年中国 30 个省份的数据，证实了绿色技术创新受国内自主研发和国际技术外溢的双重影响。王锋正等（2018）的研究表明，地方政府制定的创新政策能够正向调节环境规制对企业绿色产品和工艺创新的影响。李香菊（2018）运用动态空间计量经济模型，基于 2000—2015 年中国 29 个省份的数据进行研究，发现地区竞争与环境税对企业绿色技术创新的影响分别呈倒 U 形和 U 形。这些研究成果为深入理解和推动绿色技术创新提供了重要的理论支持和实践指导。

绿色技术创新的演化机制是学术界关注的焦点之一。研究者们从不同角度探讨了这一现象。田红娜（2014）采用自组织理论，深入研究了制造业绿色工艺创新系统的发展，从初级阶段到以“治理”为核心，再到“防范”与“治理”结合的动态变化过程。毕克新（2016）通过分析动态创新系统的功能，提出了中国制造业绿色创新系统经历的三个发展阶段：初创、形成与成长、成熟与转移。杨朝均（2017）研究发现，中国工业绿色创新系统在时间上呈现出波动性的协同进步，而在空间上发展不均衡。李婉红（2017）运用空间计量经济学方法，通过分析省域工业面板数据，确认了绿色技术创新在空间上具有依赖性和地理集聚特征。在演化博弈理论的指导下，学者们进一步探讨了企业绿色技术创新的演变路径。曹霞等（2015）研究了政府、企业、公众之间的博弈，并通过模拟实验发现，高污染税收、低公众环保宣传强度、适中的创新激励补偿可以提高企业绿色技术创新的成效。段楠楠（2016）对绿色技术创新企业间的合作进行了演化博弈分析，指出政府的绿色技术创新补贴并不总是能促进企业间的合作。杨国忠（2017）通过企业和政府的利益问题分析，并通过模拟实验得出，当政府研发投入达到一定水平时，可以激励企业进行绿色创新。在特定条件下，政府、大学和企业可以实现一种良性互动的均衡状态。这些研究为我们理解绿色技术创新的演变提供了深刻的洞见。

绿色技术创新评价是研究的重要领域，国内学者主要从影响因素和投入产出两个维度进行探讨。在影响因素方面，杨浩昌（2014）运用熵权灰色关联投影法对制造业的低碳经济发展水平进行了评估，并揭示了不同行业之间存在显著的发展差异。毕克新（2015）则采用 RAGA-PP 模型，从跨国公司技术转移的角度审视了绿色创新系统的成效。陈华彬（2018）构建了一个绿色技术创新绩效评价的指标体系，并运用因子分析法和 SPSS 20.0 软件对长江经济带的绿色技术创新绩效进行了分析。孙丽文等（2018）从经济、环境、社会协调发展的视角出发，利用投影寻踪和协调发展度模型研究了环渤海经济带的绿色创新水平差异及其协调发展程度。在投入产出视角的研究中，钱丽等（2015）运用数据包络分析（DEA）模型对 2003 至 2010 年我国各省份企业绿色科技研发和成果转化的效率进行了评估，并探讨了区域间的技术差距问题，发现效率水平不高且呈现下降趋势。罗良文等（2016）采用动态逻辑分析（DLA）法测量了各区域工业企业的绿色技术创新效率，并认为纯技术效率是主要的影响因素。韩孺眉和刘艳春（2017）结合主成分分析（PCA）和四阶段 DEA 模型分析了 2014 年全国 31 个省份工业企业的绿色技术创新效率，指出环境因素对投入松弛变量有显著影响，并在排除环境因素后，技术创新效率有所提高。肖黎明等（2017）运用随机前沿模型超越对数产出距离函数对我国 30 个省份的绿色技术创新效率进行了测算，结果显示这一效率呈现逐年上升的态势。这些研究成果为我们深入理解和优化绿色技术创新评价提供了丰富的理论依据和实践指导。

（3）管理者环境认知相关研究

国内关于管理者环境认知的研究相对较新，现有文献多聚焦于探讨这种认知对企业绩效的影响。苏超等在 2016 年的研究中，聚焦于重污染企业，将管理者环境认知视为内部变量，将商业环境的不确定性视为外部变量，通过实证分析发现，管理者的环境认知能够通过企业实施的战略措施，对企业的财务效益产生正面影响。邓少军等在 2013 年的研究中，探讨了高级管理团队（TMT）的认知对企业的影响，认为 TMT 的认知特征对企业的发展至关重要，尤其是高层管理者的认知对企业的发展具有显著影响。尚航标等在 2010 年的研究中，从有限理性的视角分析了高层管理者管理认知对企业竞争优势的作用，并得出了与管理者环境认知对企业绩效影响相一致的结论。这些研究表明，管理者的环境认知在企业战略制定和竞争优势中扮演着重要角色。

（4）环境规制对绿色技术创新的影响研究

针对绿色技术创新受环境规制影响的研究，国内学者进行了广泛探讨，但研究结果不尽相同。一些研究支持环境规制对绿色技术创新具有促进作用这一观点。例如，刘冬梅在 2015 年的研究中，通过对重污染行业上市公司的分析，发现环境规制显著促进了技术创新。张旭等在 2017 年通过构建系统动力学模型，仿真分析得出环境规制和研发投入的增加都有利于企业绿色技术创新。另一些研究则认为环境规制对绿色技术创新具有阻碍作用。曹勇等在 2015 年的调查问卷研究中，发现调控性环境规制对技术创新经济绩效有负向影响，但影响不显著。徐常萍等在 2016 年使用中国省份制造业面板数据，发现环境规制强度在当期并不显著影响技术创新产出，但滞后一期的环境规制强度则显著负向影响技术创新产出。余东华等在 2016 年的研究中，发现在各个时期环境规制都会对技术创新能力产生消极影响。还有一些研究认为环境规制与绿色技术创新之间的关系并非简单的线性关系。李玲等在 2012 年的研究中，将制造业行业分为重度、中度和轻度污染产业，发现环境规制在重度污染产业中促进绿色全要素生产率和技术创新，在中度和轻度污染产业中呈 U 形关系。蒋伏心等在 2013 年基于中国区域面板数据的实证分析，也得出环境规制与工业企业技术创新间呈 U 形关系。范丹在 2015 年提出，应针对不同污染水平的制造业行业实施差异化的环境规制策略，以实现经济增长与创新的双重目标。

对绿色技术创新影响的研究，国内学者开始较晚。许士春等（2012）分析了三种环境规制措施，发现排污税率和排污许可价格对企业绿色技术创新有显著的正面影响。李婉红等（2013）以造纸及纸制品企业为例，验证了市场化型规制对企业绿色工艺创新的正向影响，以及相互沟通型规制对企业绿色产品创新的正向影响。孙伟（2015）构建了一个博弈模型，考察了不同环境规制强度和政府投入力度下政府和企业的行为，发现政府投入的有效性是促进企业技术创新的关键。余伟等（2016）研究了规制工具对技术创新的不同影响，认为命令控制型和市场激励型环境规制都能显著促进研发投入。王红梅（2016）提出命令控制型和市场型规制是中国最有效的污染治理政策工具，而公众参与和自愿型规制的作用较弱。原毅军等

（2016）发现费用型规制和投资型规制与工业绿色生产率之间存在 U 形和负向线性关系。申晨等（2017）利用中国省际工业面板数据，发现命令控制型和市场激励型规制工具与区域工业绿色全要素生产率之间存在 U 形和正向关系。徐建中等（2018）基于中国 2007—2015 的省级面板数据，分析了命令控制型和市场激励型规制对企业绿色技术创新的非线性面板门槛模型，发现东部地区存在显著的命令控制型规制双重门槛和市场激励型规制单一门槛，而中、西部地区则存在显著的命令控制型规制双重门槛和市场激励型规制双重门槛。

1.2.3 国内外研究评述

从上述概述中可以明显看出，在环境规制、绿色技术创新以及管理者环境认知领域，已积累了丰富的研究成果。无论是国内还是国外，大多数关于这些主题的研究，倾向于从宏观角度进行探讨，分析产业链、产业集群、行业等层面的问题，并在此基础上展开理论和实证研究。尽管已有研究确立了环境规制与绿色技术创新之间的基本联系，但对于这两者相互作用的内置机制，特别是在企业管理层面的研究，仍处于初期阶段。特别是在调节因素和机制的探讨方面，需要进一步深化。同时，相关的研究方法和框架也亟须进一步完善和优化。

在研究视角方面，虽然一些学者在绿色技术创新的描述性研究方面取得了一定的成果，但目前关于绿色技术创新影响机理的理论研究框架还不够清晰。大多数研究局限于特定的研究范式或单一的分析角度，将绿色技术创新过程当作一个“黑箱”，这使得绿色技术创新过程领域的理论饱和度不足，缺乏一个将绿色技术创新的动力、行为、效率和扩散等多个方面、多个领域和多个层次综合考虑的系统性研究。因此，我们需要进一步深入挖掘，形成一个聚焦于企业绿色技术创新过程的规范化理论框架。

在理论研究领域，观察现有的文献可以发现，国内外学者普遍倾向于通过实证方法来探讨环境规制与绿色技术创新之间的联系。大量的实证研究重复检验了环境规制对于绿色技术创新的能力、成效或效率等方面的影响。然而，从绿色技术创新过程的角度出发，对动力、行为、效率、传播等因素的理论研究相对较少，对于这一过程的理论贡献并不充分。因此，关于环境规制与绿色技术创新关系的研究仍缺乏一个简洁明了且被广泛接受的理论框架。这导致了实证研究结果之间存在显著差异，因为缺乏足够的理论基础来支持这些实证分析和案例研究。

在评价绿色技术创新的研究领域，存在几个主要问题。首先，当评估影响绿色技术创新的因素时，主观赋权法因受到人为因素的影响较大，没有充分考虑评价指标数据的有效信息量，权重分配的科学性不足，这可能导致评价结果与实际水平有较大偏差。其次，客观赋权法通常使用横截面数据，缺乏对时间维度的考虑，因此难以捕捉企业绿色技术创新随时间的动态变化。此外，从投入产出角度评估绿色技术创新时，现有研究常常只关注期望产出，忽略了创新过程中的非期望产出，这不符合效率评价的实际需求。还有研究将非期望产出直接作为投入要素，导致测量结果不准确。因此，迫切需要对如何科学合理地评价企业绿色技术创新进行深入研究。

总的来说，本书指出目前关于环境规制对企业绿色技术创新影响的研究还处于初期阶段。有必要根据中国企业的实际情况，对环境规制如何影响企业绿色技术创新进行更为系统深入的研究，以期为我国政府推动企业绿色转型和升级提供有价值的参考。

1.3 研究思路与研究内容

1.3.1 研究思路

本书采用了基础性研究、系统性研究和实践性研究的方法，对国内外关于环境规制与绿色技术创新的研究进行了全面的梳理和分析，并构建了一个以环境规制对企业绿色技术创新影响为研究主题的分析框架。首先，本书对环境规制和企业绿色技术创新的概念和范围进行了明确，并分析了其相关的理论基础，以此确立了研究的理论框架。其次，本书在企业绿色技术创新的基本流程及其阶段性划分的基础上，从过程的视角探讨了环境规制如何推动企业绿色技术创新的路径和机制。最后，基于对环境规制和绿色技术创新问题的全面分析，本书提出了利用环境规制合理促进我国企业绿色技术创新能力提升的对策建议。本书的技术路线如图 1-1 所示。

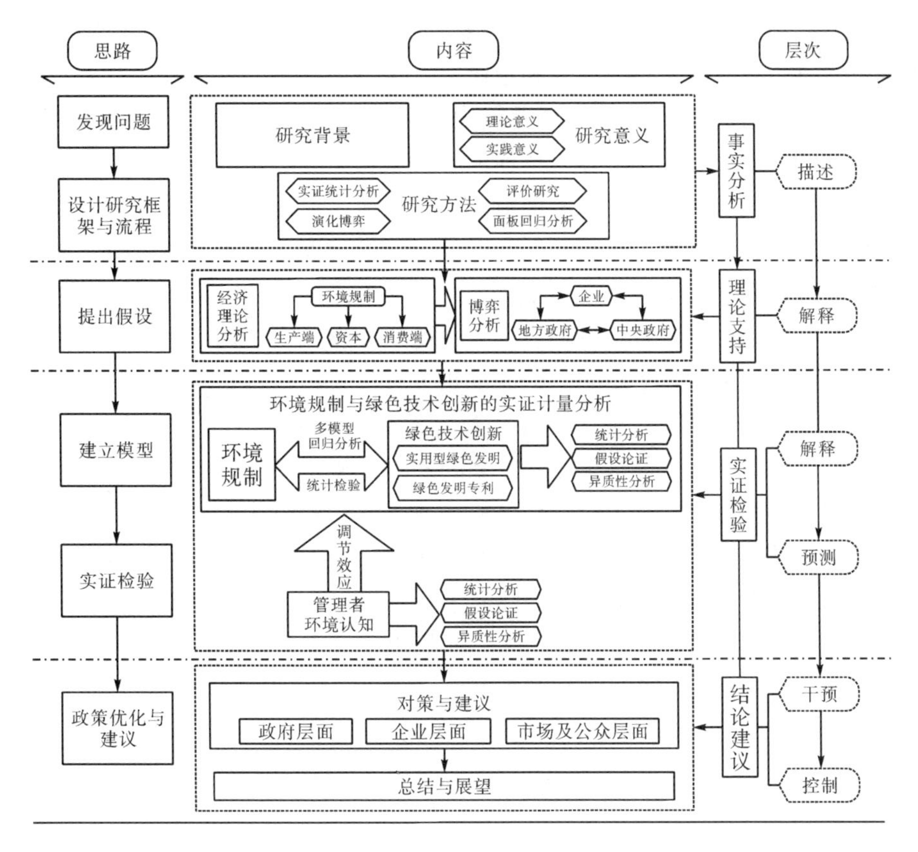

图 1-1　技术路线示意图

1.3.2 研究内容

本书研究内容包括七个部分。第一章是绪论。主要对研究背景进行了简述，对国内外研究者针对环境规制、绿色科技创新、管理者环境认知及其相互关联进行了分类综述，并对研究成果进行了评述。同时还介绍了研究思路、研究内容和研究的创新之处。第二章是研究基础与理论框架。这部分从环境规制、管理者环境认知、绿色技术创新三个方面全面解释了本书相关的基本概念，阐释了外部性理论、波特假说、制度理论、利益相关者理论、前景理论、代理理论等理论，以此为基础构建了研究的基本框架，对环境规制对绿色技术创新、不同强度环境规制对绿色技术创新、不同方式环境规制对绿色技术创新、管理者环境认知对绿色技术创新的影响的研究，并分析了管理者环境认知在环境规制对绿色技术创新影响中的调节效应。第三章为协同博弈下管理者环境认知对绿色技术创新的影响研究。选择中央政府、地方政府和企业三方构建博弈行为模型并进行稳定性分析，通过仿真模拟进行管理者行为博弈分析和各级政府行为的博弈分析。第四章是环境规制对绿色技术创新的影响研究。这部分主要通过实证研究分析环境规制对绿色技术创新的直接效应，论证了环境规制影响企业绿色技术创新，并对绿色技术创新受到影响的程度进行了定量分析。第五章是管理者环境认知在环境规制对绿色技术创新影响中的调节效应研究。在前一章的基础上从管理者环境认知的视角分析了这一调节因素对环境规制促进绿色技术创新的影响，论证了相关假设。第六章是环境规制条件下企业绿色技术创新提升模式设计。介绍了 fsQCA 研究方法及其具体步骤，对相关前因条件要素与结果要素数据处理与分析，并进行了单项环境规制要素的必要性分析。基于此，结合前述博弈分析提出了环境规制主导、政府补助主导、管理者行为主导的提升模式。第七章是研究结论与展望。这部分总结了全书，并针对结论从政府主管部门、企业管理者及社会和公众的层面提出了相关建议及对策。本章还指出了研究的局限性并提出了针对性的研究展望。

1.4 研究方法与创新点

1.4.1 研究方法

本书运用了演化博弈论、评估研究和数据回归分析等多种研究方法。

（1）演化博弈论方法。本书结合实际企业绿色技术创新的扩散情境，依据演化博弈理论，构建了一个环境规制与企业绿色技术创新扩散的三方博弈模型。该模型能够模拟企业绿色技术创新扩散的演化过程，并通过计算机仿真，比较不同环境规制政策工具（命令控制型和市场激励型）对企业创新扩散稳定性和稳定条件的影响。

（2）评估研究方法。本书采用多种模型对企业绿色技术创新的效果进行评估，这些模型考虑了非期望产出对企业绿色技术创新效率的影响，以此计算出在能源和环境约束下的企业绿色技术创新效率值。

（3）数据回归分析方法。在理论分析的基础上，本书构建了不同的数据模型。这些模型不仅直接解决了解释变量的内生性问题，还使用了混合效应模型、随机效应模型和固定效应模型，以更内生地划分环境规制的强度区间，从而更客观、精确地研究不同区间环境规制强度对绿色技术创新效率的差异化影响。

1.4.2 创新点

本书的创新点主要有：

（1）分析了管理者环境认知对绿色技术创新的协同机理，构建了包括中央政府、地方政府和企业在内的三方博弈模型，从初始意愿、支持力度和惩罚力度三个方面进行了数值模拟，完善了管理者环境认知对绿色技术创新影响的仿真模拟。

（2）将企业绿色技术创新分为实用新型绿色专利和发明绿色专利，研究了环境规制对企业绿色技术创新的影响，并从企业规模大小、企业所有制类型和不同解释变量方面进行了异质性分析，从新增控制变量、不同类型解释变量角度进行了稳健性检验，丰富了环境规制对绿色技术创新的影响研究。

（3）构建了包括环境规制、管理者环境认知和企业绿色技术创新三个方面的理论框架，分析了管理者环境认知在环境规制与企业绿色技术创新之间的调节作用，是对环境规制和管理者环境认知对绿色技术创新影响研究的拓展。

（4）区别于以往从单个方面进行研究，将环境规制、管理者环境认知和企业绿色技术创新纳入统一框架，利用 fsQCA 模型提出了企业绿色技术创新的提升模式，为提高企业绿色技术创新水平提供了新的思路。

2 研究基础与理论框架

2.1 基本概念

2.1.1 环境规制

2.1.1.1 基本内涵

环境规制起源于政府规制，自 1970 年美国建立环境保护机构后，政府规制的重点变为健康和环保，环境规制逐渐受到广大学者的关注。

环境规制理论来源于外部性理论。外部性最早由马歇尔提出，是指由社会承担但应由生产者承担的生产成本，或消费者未付费得到的收益，即未计入商品正常价格的生产者成本或消费者收益。外部性有正外部性和负外部性之分，如果某项经济活动使得个人或社会无偿受益，我们称之为正外部性；如果某项经济活动使得个人或社会受损，且导致外部性的人未负担其成本，我们称之为负外部性。有学者认为，政府干预不是外部性内部化的唯一方法，产权不明晰才是外部性导致市场失灵的原因，如果产权情况划分明确，外部性问题就能够通过市场交易这一非政府手段解决。对于环境污染问题，由于交易成本高，影响范围广，且产权界定较为模糊，如果没有外界进行干预，环境污染就无法通过市场手段解决问题，因此需要借助政府干预实现这一目标，既可以由政府强制进行规制，也可以由政府帮助明晰排污权，最后通过市场交易解决环境污染问题，这是命令控制型和市场激励型环境规制的基本原理。关于环境规制出现的原因，多数学者认为环境规制的目的是解决由外部性导致的市场失灵的情况，因而环境规制是由外部性派生出的商品，目的不仅是解决交易成本高的问题，还是解决排污企业成本收益与社会治理成本收益之间的较大差距。环境规制属于公共产品，政府实施环境规制的目的除了解决经济活动造成的外部性外，还考虑到环境污染对人的身体健康、精神追求的影响。

综合国内外学者关于环境规制定义的阐述和本书的研究对象，本书从企业微观角度认为环境规制是在传统规制理论中被认为是一种纠正负外部性、优化资源配置的经济规制。环境规制最早被界定为政府对于环境破坏行为的干预，是一种约束市场主体的经济行为。通过禁令、法律等一系列的方式对环境污染进行直接干预，市场无法发挥作用，公众等其他主体也很难参与，随着排污费、用能权等市场化手段运行的成熟，政府的环境规制内涵和外延不断发展。环境规制也由直接的行政限制转变为市场激励、社会规制结合的模式，直接干预的比例大大减少。在中国的环境规制研究中，不同视角的界定共同构成了环境规制多维度的丰富内涵。赵玉民等（2009）从社会规制建设及功能完善的视角将环境规制界定为有形制度和无形意识结合对个人或组织进行约束，这一类约束的目的是保护环境。张红凤（2012）从经济的视角强调政府通过政策制定与措施优化对环境问题的负外部性进行纠正即为环境规制，环境规制的目的是平衡经济发展和环境保护。赵敏（2013）认为环境规制是政府对微观经济主体活动基于环保目的的调节，其目的是优化市场资源配置，实现整个社会经济与环境的协调发展，从而最大化社会福利。张华（2014）指出环境规制的概念为政府制定相关措施调节企业的生产经营活动纠正其因为破坏环境输出的负外部性，以实现环境保护与经济的协调发展。

本书从经济活动和环境公共物品属性角度出发，把环境规制界定为政府通过不同方式和强度的各类手段，广泛调动各方面主体共同参与，对微观经济主体的经济活动以实现经济和环境平衡协调发展为目的进行调节。

2.1.1.2 分类衡量

学术界对环境规制的理解逐渐深化，经历了多个阶段。最初，环境规制被定义为政府通过行政命令对企业的环境资源使用和污染排放进行直接干预，例如实施禁令和发放非市场性质的许可证。这些规制由政府制定并监督执行，企业必须遵守。随后，随着环境税、补贴、押金退还等经济和市场激励措施的引入，政府对环境资源的间接干预也被视为环境规制的一部分。20 世纪 90 年代，随着自愿协议和计划的实施，环境规制的概念进一步扩展，包括命令控制型、市场激励型和自愿参与型环境规制。随着政府公共管理理论的进步和公众环保意识的提升，环境规制的边界继续扩大，包括社会大众通过谈判或游说产生的影响，非政府环境规制也开始受到学术界的重视。具体来看，环境规制的发展可以分为三个阶段：第一阶段，侧重于使用行政手段，如设定技术标准和排放标准，政府通过这些规定强制性干预企业的环境资源的使用；第二阶段，环境规制扩展到利用市场机制的经济手段，如环境税、补贴、押金返还和排污许可证交易，以间接方式影响环境资源的使用；第三阶段，环境规制被视为政府综合运用直接行政手段和间接市场机制的经济手段来调节环境资源的使用。

为了更好地发挥环境规制的效果，对其进行合理的分类至关重要。环境规制可以根据不同的分类标准呈现出多种分类形式。目前，学术界普遍认可的三种分类方法包括：将环境规制分为正式环境规制（显性环境规制）和非正式环境规制（隐性环境规制）；根据参与主体不同，分为命令控制型、市场激励型、自愿参与型环境规制，以及强制信息披露和企业政府合作模式；根据作用范围，分为进口国、出口国和多边环境规制。其中，正式环境规制主要是指政府行政机关针对企业等经济主体发布的法律政策、措施和协议计划等；非正式环境规制则依赖于参与者的主观积极性，作为政府环境规制的补充。这些分类方法有助于更清晰地理解和应用环境规制，以实现环境保护和社会经济发展的平衡。

（1）命令控制型环境规制

命令控制型环境规制旨在实现环境质量目标，通过立法或行政手段制定。这种规制限制了企业在生产过程中对废气、废水和固体废物等副产品的排放，直接对污染源进行管制，迫使企业承担环保责任。相关的法规和标准，例如《中华人民共和国环境保护法》和其他环境相关法律，共同构成了这一体系。中国的命令控制型环境规制包括一系列环境管理措施，如环境影响评估、排污许可等。

这种环境规制依赖于国家的行政力量，以其简洁性和直接性，对于特定的污染源问题是有效的。然而，它的运行成本较高，需要政府强制实施，使得企业和相关方不得不遵守，违规者将面临惩罚。在命令控制型环境规制下，企业需要遵守环保标准，通过改进工艺或技术来减少污染。不过，这种规制通常是由国家和政府统一制定的，没有考虑到地区和行业的差异，可能会导致所有污染单位承担相同的成本，影响其经济效益。此外，这种规制对于激励企业减少污染的效果有限，往往不能有效激发企业改进工艺和技术创新的动力。

（2）市场激励型环境规制

市场激励型环境规制是基于政府指导和市场机制的一种制度，旨在引导企业减少污染排放。它遵循“污染者付费”的原则，将污染的外部成本内部化，使企业之间能够在减少排放上进行有效合作。这种规制通过提高企业的投入产出效率，从而达到保护和改善环境资源的目的。市场激励型环境规制包括排污权交易、环境保护税、排污费、环境补贴和生态补偿等多种形式。

这种环境规制通过市场机制实现，有效解决了信息不对称问题，运行成本相对较低，并允许企业根据自身需求自主选择排污方式和数量，拥有一定的自由度，并且能够激励企业进行技术创新。然而，市场激励型环境规制需要一个成熟和规范的市场体系才能充分发挥作用，并且其效果可能需要一段时间才能在经济主体中体现，存在一定的时间滞后性，因此其对环境改善的实际效果难以立即确定。

与命令控制型环境规制相比，市场激励型环境规制不那么依赖主观意愿，因此其实施时间较长。学者们对这两种环境规制进行了广泛的研究和讨论，普遍认为市场激励型环境规制的成本较低，有助于推动产业技术创新。

（3）自愿参与型环境规制

自愿参与型环境规制是一种非强制性的环境保护机制，它由企业、行业协会和社会公众等自发提出，并自主选择是否加入。这种规制形式包括环境信息公开、公众参与环保、环境认证和生态标签等协议和计划，其目标是保护环境。自愿参与型环境规制主要依赖于企业或行业的主导作用，政府角色相对较少，主要是提供支持和指导，不具备直接的强制力。此外，自愿参与型环境规制还涵盖了社会组织和个人基于自身利益追求更高环境质量的行为，如环保意识的增强、环保观念的传播、环保态度的形成、环保认知的提高和环保行为的实施。这种规制形式是主动的环保行为，能够有效动员企业、民间组织和公众的参与，从而降低环境执法的成本。然而，自愿参与型环境规制的有效运行依赖于社会大众的环保意识和企业的环保责任感的普遍提高，由于缺乏强制性约束，它在中国目前主要被看作一种辅助性的环境规制手段。

根据本书研究对象要求，环境规制主要包括政府层面的和企业层面的。

一是政府层面的环境规制政策测度。政府会采用行政限制、市场激励和社会规制三种类型的环境规制方式，通常可以选取一定区域，比如以颁发相关规制的省份为单位从省份—年度层面对其进行分类测度。行政限制型环境规制政策变量的测度要考虑到污染防治和经济发展平衡的背景，可以选取环保投资总额与工业增加值总额的占比进行度量；市场激励型环境规制政策变量的测度，由于直接指标的数据难以获得、代表性也比较弱，可以选择各个省份排污费收入总额作为政策变量测度的基础，通过使用省份—年度层面的工业增加值总额进行标准化，以保证不同省份和年份数据的可比性；社会规制型环境规制在人们环保意识日渐增强的大背景下形式和内容在不断丰富，在研究中可以选取其中典型的类别比如环保投诉和信访数量进行代理。取各个省份不同年份的环保投诉和信访数量取对数使其具有可比性，作为公众参与型环境规制政策的测度。

二是企业层面的环境规制政策测度。国家对企业有行业和地域层面的多种减排工作方案，比如根据《中华人民共和国国民经济和社会发展第十二个五年规划纲要》和《“十二五”节能减排综合性工作方案》精神制定的《万家企业节能低碳行动实施方案》（发改环资［2011］2873 号）。从这一方案中选取出 2010 年综合能源消费量 1 万吨标准煤以上（以及有关部门指定的年综合能源消费量 5 000 吨标准煤以上）的共有 17 000 家左右重点用能单位（以工业企业为主，工业企业选取标准是 1 万吨以上标准煤），近五分之四为制造业企业。方案详细描述了环保度量方式。可以将此典型企业的目标减排规模除以基期的企业生产规模作为企业层面政策强度的度量。

2.1.2 管理者环境认知

2.1.2.1 基本内涵

无论是个体还是组织，决策和行为的基础都是认知，环境认知就是对环境相关问题的感知、解释和判断。管理者认知的重要性已经被广泛论证，Walsh（1995）指出管理者认知是一个复合概念，包含个体、团体和组织等多个层次。随着对管理者认知研究的逐步深入，其本质和内在结构从知识结构拓展到心理特质，一系列具有稳定性的特质都被涵盖到管理者认知中，帮助管理者进行战略决策。结构与过程是管理者认知研究的两大核心视角，结构主要包括知识集中性和知识复杂性，管理者的认知结构能够决定其注意力焦点和逻辑判断力，这决定了通过问题来源和外界信息判断和设计未来走向的能力。注意力焦点是认知选择性的体现，有限的精力和认知会将复杂的问题抽象和简化之后再进行战略判断，支撑决策的信息也都经过管理认知筛选和加工。管理者环境认知会对企业的内部治理和外部环境产生重要影响，既被视为机会也是一种威胁，Staw 等（1987）就认为管理者环境认知是企业运营人员对外部环境的一种主动行为，提升了企业绿色发展结果的稳定性，也有可能带来无法达成环境规制的风险。尚航标（2010）的理论分析也指出环境知识结构的复杂性和集中性就是管理者环境认知的集中体现，管理者环境认知表现在其对环境相关治理问题的反应速度和动态能力上，有集中性环境认识的管理者则会提出更有深度的绿色治理策略。

本书结合环境规制的背景，从认知视角定义管理者环境认知，将其界定为一种同时具有结果和过程双重意义的概念，认为管理者环境认知是企业管理人员对于环境问题的理解、识别、思考和反映，在综合所有企业内部因素和外部环境之后对环境方面议题形成的综合认知。

2.1.2.2 影响因素

影响管理者环境认知的因素主要来自管理者个人、所在组织和社会三个层面。第一是管理者个人层面。通过对管理者环境认知架构的分析，风险偏好、环境认知风格等 16 个典型的影响因素被归纳出来。Sharma 等（1999）的研究发现，管理者环境认知的风险偏好和其对环境机会的认知表现出密切相关性，整体风险偏好小的管理者，对环境问题的风险认知也会更小。White 等（2003）则从管理者风格的角度解析了不同类型管理者环境认知的特征，分析结果发现无论是逻辑型、外向型，还是判断型管理者，其环境认知都是重要的中介，影响了其各种决策，但其个人管理风格也极大地影响了其环境认知的结构。张文慧等（2005）发现市场环境需求的变化幅度、环境问题的复杂程度、环境规制的连贯性和科学性都极大地影响了管理者对环境的机会认知。第二是组织层面。研究者们逐渐发现管理者的环境认知不但能够深刻影响组织内的其他个体进而影响企业整体的环境认识，也被组织内各种因素所影响，比如现实的同感效用、共享价值的构建和协商信仰架构。管理者获取环境信息的认知结构与企业整个战略态势有明显关联，管理者在日常与组织其他成员的互动以及对组织活动的参与中，对环境问题的看法会受到全方位的影响。第三是社会层面。任何在社会中的组织和个体都会受到其影响。作为一种广泛存在的背景因素，社会层面的诸多因素可以对管理者环境认知产生复杂的影响，比如社会公众环境认知水平的提高、突发公共环保事件带来的舆论压力等，这都会使管理者在高度掌握企业组织文化和信息的情况下改变环境认知，社会环境问题的反应速度、公众环境事件的自由裁量权、舆论的过程监督、日趋缜密的控制系统都影响了管理者的环境认知。

2.1.3 绿色技术创新

2.1.3.1 基本内涵

众多学者对绿色技术的定义各抒己见，视角涵盖了系统论、生态学和生命周期等方面。绿色技术是指既能够维护生态环境，又有助于经济发展的技术，与那些可能造成环境污染和生态失衡的传统技术有本质区别。狭义上，绿色技术涉及开发绿色产品和设计绿色生产流程；广义上，它还包含改进环境政策和消费模式等多个层面。绿色技术在不同的研究中也被称作“低碳技术”“生态技术”“环境技术”和“可持续发展技术”。综合理解绿色技术，其特点为：它是一种节俭的技术，能在提升能源和其他资源使用效率的同时，实现对环境的友好处理。这样的技术有助于实现资源的循环利用，确保稳定的能源供应，并防止资源的耗竭和环境的退化。

学界对绿色创新能力的看法各有侧重点，定义上也呈现出多样性。一些研究者从企业角度出发，关注单一企业或企业间的协作，侧重于新产品和生产过程的开发，将绿色创新能力视为在生产绿色产品时减少环境污染和资源消耗（如原材料和能源）的技术和工艺的创新能力。另一些学者则从行业或产业层面考虑，特别是针对那些环境敏感行业（如能源、化工、酒店等）或代表性技术（产品），强调保持市场活力、减轻环境污染和降低能源消耗的创新能力。还有研究从宏观角度审视，关注区域、国家乃至全球经济体系，认为绿色创新能力是在经济稳定增长过程中减少环境污染和资源消耗的能力。

经过对国内外资料的整理和分析可以发现，绿色技术创新的概念目前还没有一个被广泛接受的统一定义。各种定义反映了不同领域的研究成果。总体来说，绿色技术创新是一种将技术创新、生态技术和经济效益三者结合在一起的新型技术创新。它主要关注两个方面：首先，绿色技术创新属于技术创新的范畴，具有追求经济效益和利润最大化的特点；其次，与传统技术创新忽视环境质量管理不同，绿色技术创新强调在技术创新的各个阶段都要注重生态理念，并通过节能减排来实现生态效益。

绿色技术创新是指针对环境保护、生态发展的技术创新。Kemp 等（2007）提出了一种目前被研究者使用最广泛的绿色技术创新定义，即企业和组织在发展中更新生产模式，以新的技术使生产销售过程与原有模式相比产生更少的环境负面影响，减少了整个产品生命周期的污染排放和环境风险，这一类技术创新都可以被归为绿色技术创新。2019 年，国家发展改革委和科技部印发了《国家发展改革委、科技部关于构建市场导向的绿色技术创新体系的指导意见》，其中把降低消耗、减少污染、改善生态，促进生态文明建设、实现人与自然和谐共生的新兴技术界定为绿色技术。无论是侧重于宏观还是微观的定义，广义上面向绿色发展和生态文明相关的新技术都可以被归为绿色技术创新。

本书从企业的角度出发，对绿色技术创新进行了探讨，将其定义为：制造企业在追求环境保护的过程中，通过新工艺、技术、系统、产品的开发以及环境管理的创新活动，充分利用人力、财务和物质等关键资源，旨在达到经济效益、环境效益和社会效益的协同增长，以此获取持久的绿色竞争优势。

2.1.3.2　影响因素

绿色技术创新的影响因素主要来自政府层面、市场层面和企业层面。

在政府层面，影响绿色技术创新的因素包括区域经济政策、环境规制、研究与试验开发（R&D，下同）、绿色技术聚集和溢出水平、FDI、地方环保政策执行力度等。许晓燕等（2013）分析了一个阶段的省际绿色技术创新数据，发现环境规制对绿色技术创新结果产生了明显的影响，尤其是市场激励型政策比其他行政限制、社会规制产生的促进效果更好。贾军等（2014）的实证研究表明，绿色技术创新的路径依赖特征普遍很强，但对于绿色技术聚集水平高的企业来说，这个路径依赖的消极影响被绿色技术溢出削弱，而环境规制通过对技术存量的影响同时对绿色技术创新和非绿色技术创新都产生了积极推动作用。贾军（2015）通过格兰杰因果检验发现外商直接投资和被投资地区绿色技术创新存在显著关联以及强因果关系，这也可作为中国各地政府积极引进外资来提升绿色技术创新的实证支撑。岐洁等（2015）对中国产业集群的绿色技术溢出进行研究时发现，绿色技术溢出是促进绿色技术创新的关键因素，差异化的地区技术基础和资源禀赋倾向于通过不同的方式借助绿色技术溢出进行绿色技术创新。李国祥等（2016）分析了环境规制下FDI和绿色技术创新在长时间内的动态关系，结果表明强环境规制下FDI能够正向推动绿色技术创新，这种推动作用表现出显著的区域异质性。李多等（2016）通过对中国的环境规制及科技政策进行整理和关联分析，发现环境政策和创新政策都可以显著推动绿色技术创新。王锋正等（2016）以技术管制理论为基础对中国的绿色技术创新数据进行了数据分析，发现地方政府的表现极大影响了当地绿色技术创新的水平，包括知识产权保护程度、环境综合治理能力、绿色权益保护水平等地方政府特质都能够显著正向促进绿色技术创新。郭进（2019）利用最新的绿色技术创新省际面板数据研究了环境规制对绿色技术创新的复杂影响，结果表明不同方式和强度的环境规制对绿色技术创新的影响力度和方向表现出极大差异，比如环保补贴、排污费这两种措施对绿色技术创新都表现出一定的促进作用，但这个作用并不是显性的。

在市场层面，研究者们从市场变化规律解释了绿色技术创新受到的诸多影响，这些市场因素包括绿色R&D、人均收入、融投资环境、市场风险都会对绿色技术创新产生影响。李婉红等（2013）通过中国16个高污染行业分析得出，行业规模和创新投入是在高强度环境规制下高污染企业进行绿色技术创新的正向调节因素。李婉红（2015）通过空间建模分析驱动绿色技术创新的主要因素，发现排污费与绿色技术创新具有明显的空间自相关性，而且经济越发达的地区排污费与绿色技术创新的相关性越强。毕克新等（2015）通过网络分析低碳技术创新的历史规律，发现这一绿色技术创新与技术领域和行业分布都有显著关联。Zailani等（2014）发现客户压力、资源质量、市场不确定性都会对某些行业的绿色技术创新产生重要影响。锋正等（2015）通过对行业的分析发现环境规制对初级加工企业的绿色技术创新有更显著的激励作用。王班班（2016）通过对中国节能减排专利的研究发现行政限制类的环境规制在国有化程度高的企业中能发挥更强的刺激绿色技术创新的作用，对创新程度更高的绿色技术也有更好的激励作用。李婉红（2017）发现了影响绿色技术创新的“阈值效应”，即某一人均GDP阈值前后绿色研发投入作用于绿色技术创新遵循完全不同的机制，这说明人均GDP和绿色技术投入都是绿色技术创新的重要影响因素。王旭等（2019）研究股权债权融资与政府补贴对绿色技术创新作用机理的结果显示，不同因素作用于绿色技术创新的路径不同，股权融资为主、政府补贴为辅的绿色技术创新资金来源能够更有效地支撑绿色技术创新持续推进。

在企业层面，产业链位置、技术储备、企业文化、竞争压力、管理层环境认知、外部利益相关者压力、企业架构等因素都被证明与绿色技术创新密切相关。Anex（2000）在研究公共政策时发现其对绿色技术创新的刺激作用非常明显。Yousef 等（2008）、Ursula 等（2008）针对不同数据面板的实证研究都指出，企业内部管理者环境认知、关注程度、技术及资源禀赋、法规因素、成本构成都影响了企业的绿色技术创新。Oltra 等（2009）发现企业需求、技术能力和政府政策三者的交互关系共同影响了绿色技术创新。Lee（2010）以整个供应链为单位考察了资源供给、竞争程度、产品生命周期等多个因素对绿色技术创新的影响，实证显示这些因素都会正向刺激绿色技术创新的绩效。雷善玉等（2014）探讨了企业文化对于绿色技术创新的影响机制，发现企业文化有助于构建“技术—情景—创新”的动力模型，在此模型下企业文化是驱动绿色技术创新的重要因素。王锋正等（2018）发现企业的绿色工艺、绿色产品都与自身对当地政府环境规制的反馈有关，积极的反馈对绿色技术创新有显著正面作用。王锋正等（2018）研究了上市公司内部治理、管理者关注与绿色技术创新的关系，结果表明管理者环境认知不但对绿色技术创新有正向影响，也能够通过正向调节以环境规制为代表的多种内外部因素推动绿色技术创新。

2.2 理论基础

2.2.1 外部性理论

外部性指出了市场主体的决策和行为并不完全承担其所有后果，向其他主体输出部分利益或者成本的一种权责不对等的相信。在经济活动中市场主体进行经济活动的收益也与其投入成本相适应，但如果其收益不完全由该经济主体承担时，这一经济活动就具有外部性。外部性包括正向的和负向的，正外部性是指经济主体活动向外输出了收益，该经济主体没有获得相应补偿，与此相反，负外部性是指经济主体活动向外输出了成本但并没有给予相应补偿。最早马歇尔在《经济学原理》中提及了经济活动的外部性，庇古在发展福利经济学的过程中进一步完善了这一概念，建立起外部性理论的框架并将其应用针对诸多经济问题的分析中。庇古的外部性理论指出负外部性就是由于经济主体的私人边际成本小于社会边际成本，而正外部性的私人边际收益小于社会边际收益。外部性的存在使得市场机制会扭曲社会福利，因此需要政府进行干预，在企业输出负外部性时就对其进行征税以消除其边际成本和社会边际成本的差异，在企业存在正外部性时就予以一定的补贴和奖励以实现社会最优福利。

2.2.2 波特假说

在环境规制和技术创新的研究中，传统观点认为政府的政策会增加企业成本以降低企业的竞争力，而 Porter 等（1995）却把这种新古典理论框架运用于环境规制和企业绩效的动态分析中，指出如果只分析技术进步、产品创新、市场需求等静态短期关系不足以阐释环境规制的全面作用，而需要把所有因素纳入动态的框架进行综合考虑。所有因素的持续作用使得存在政府环境规制与企业竞争力提升的双赢格局，这一结果的出现有赖于精巧科学的制度设计能够帮助不同行业提高生产率和绿色技术能力，在达成环境规制要求的同时拥有更高的竞争力，该理论就是“波特假说”的内核。波特观点虽然比传统经济学观点出现得更晚，但从熊彼特开始一直都是企业发展转型和绿色战略的主要理论框架。企业进行绿色发展的动力不光来自其他市场主体，也可能来自政府规制，而这种驱动力激励了企业提高绿色生产率，推动绿色技术创新。

波特假说对于政府环境制度的设计提出了极高的要求，在科学规制下企业通过选择绿色技术创新路径进行环境保护才能够达到前述的双赢目标。因此政府的相关环境规制政策必须起到三方面的作用。一是可以减少企业决策的不确定性。科学的环境规制可以通过各种手段来引导企业做出更符合长远环境要求的决策，推动企业选择采用绿色技术创新的路径以达成合规的目标，并帮助企业确立长远稳定的绿色发展战略，降低绿色新技术的正外部性成本，不会给风险较高的技术投入增加不确定性。二是给企业的绿色技术创新提供明确的引导和有力的支持保障。在缺乏环境规制的条件下企业会为了追求短期利润最大化减少绿色技术开发的投入，设计科学的环境规制会积极引导企业平衡长期发展空间和短期利益，同时通过技术、资金、平台等多种方式帮助进行绿色技术创新的企业维持短期竞争力和市场占有率。三是可以提高社会公众的环保意识。设计得当的环境规制会通过提高公众的环保意识制造舆论压力和绿色产品市场需求，倒逼企业进行绿色技术革新从而提升企业的绿色技术能力。波特假说认可了环境规制短期内提高企业成本的观点，但绿色技术创新是一种在长期发展中形成共赢局面的路径，波特将这种现象称为创新补偿效应（innovation offsets）。

2.2.3 制度理论

制度理论是以制度规范为基础发展出来的一套理论。Scott（1995）给出了一个普适性的制度定义，即提供稳定性和意义的规制性、认知性的结构与活动，包括法律、规章、习俗、文化、伦理等各种形式。这表明制度是具有多样形式的，也存在显著的异质性，但制度对市场主体行为的同质性影响始终是制度理论的重点，制度理论强调履行基本使命以保证获取最终利润，对制度的遵从重塑了组织结构和运营流程，维持了企业自身状态的稳定和全方位的价值。组织内部对制度的共同遵守使其产生了同构效应，保证了企业资源、组织、竞争力的持续性，而环境规制的出现使得组织内部不得不重构制度。环境规制下企业的制度重构压力以强制性、模拟性和规范性三种同构方式存在。组织或迫于生存压力，或类比相似组织通过参照模仿以期获得相似的结果，或通过不断试错调动各种资源包括进行绿色技术创新，完成新的规范准则的确立。

制度理论一直认为主体异质性导致同一制度条件下不同行为的差异化后果。针对个体的行为制度的约束力量或强或弱，组织层面个体之间共享了统一的制度约束，因此深度影响了其互动行为模式、社会期望、行业生态，这都使组织结构行为模式在同质化的过程中形成了被广泛接受的可预期的结果。这并不表明群体在制度的规范下只能被动接受，相反通过自身的反馈也会对制度施加广泛的影响，与制度环境的互动会形成创造性的潜移默化的影响力，进一步反作用于环境规制。因此针对制度理论的研究已经超越制度修改与完全服从带来的后果分析，更着眼于制度与组织的双向互动和影响，在交互的过程中不断进化。

2.2.4 利益相关者理论

利益相关者理论是从不同主体利益的视角来解释企业最终的决策和行为。利益相关者理论将环境规制的本质解释为利益相关者对企业施压以减小企业的环境损害及保护自身利益，而企业则以利益最大化为主要目的制定环境规制下的企业发展路径。在所有施加压力的主体中，政府是最具强制力的，也代表了消费者、监管部门、竞争对手的部门利益。因此利益相关者理论分析环境规制对企业的影响也极其重视分析政企关系，并以此作为推动企业绿色发展的关键。企业在满足政府环境规制的同时适应了外部环境变化，从各个层面与各种利益相关群体建立了信任，这也是企业在各种环境因素制约下综合考虑选择自身绿色发展路径的原因。李维安等（2007）发现在上市公司中，公司和股东间通过投资与分红来确保双方利益的最大化，这一对利益相关方在面对环境规制时利益有可能会发生分化，因此选择绿色技术创新以减少配置资本时双方的冲突成为股东和企业应对环境规制的解决路径。在利益相关者理论的框架下，企业的服务对象超越了股东和员工，为了在环境规制下企业能够生存并得到长期的发展，公众、合作伙伴等利益相关者的利益被更多地考虑在企业的决策中，企业在将自身利益最大化放在首位的同时，要更多地通过兼顾各方利益激发所有相关方积极性，减少矛盾对企业发展造成的伤害。利益相关者理论明确了企业片面追求规模扩张和经济利益提升所带来的社会成本增加、社会职责缺失带来的具体危害。张兆国等（2009）的研究表明，与不广泛全面关注利益相关方的企业相比，重视所有利益相关者的企业往往能够在竞争中保持长期的优势，更具韧性和潜力。企业在面对环境规制时表现出普遍的烦琐性与推广性，利益相关者理论可以很好地解释和支持企业的决策和行为。孟晓华等（2013）从整体利益相关的角度出发对不同利益方的差异性进行了分析，企业在面临环境问题决策时，不同利益相关方发挥了不同方向和程度的影响，高层管理者就是其中的重要影响之一。企业通过一定的标准对各个利益相关方进行划分可以预判某些决策及其最终结果。

整体上看，企业的绿色发展战略的制定和执行都是各个利益相关方诉求的体现，在很多情景下也是多方博弈的结果。在对环境更加关注的利益相关方出现时企业会有更大的环保压力，而这种压力会直接促成企业把绿色发展作为企业的发展战略，把绿色科技创新作为企业重要的发展路径。利益相关者理论针对上市企业的环境披露动机与目标，也可以给出很好的理论解释。

2.2.5 展望理论

展望理论（prospect theory）是将心理学研究应用在经济学中所形成的一个学科分支，用以分析在高度不确定性市场状态中心理因素在决策和判断中的复杂机制。展望理论弥补了长期以来经济行为分析中完全理性人的假设，解释了心理特质、认知水平等主观因素对经济行为的实质性影响。在展望理论之前研究者们在对人面对风险时的决策的分化给出的解释都是基于外部条件分析，用期望效用函数理论（expected utility theory）来对每一个人的风险偏好及不同情景下的决策进行分析。在假定所有决策者均为完全理性的前提下，个体在追求收益时会采用特定的效用函数，并且对于不同结果的发生概率有着各自的评估。尽管这是一个主观的决策过程，但不同个体的决策和行为在统计学上显示出一致性。这意味着对于同一结果，效用函数应当表现出一致的效用值，确保了决策的一致性。同时，对主观因素的解释需要遵循概率论的基本原则，如贝叶斯定理。考虑一个个体在面对风险决策时的总财富为 W，其经济行为可能导致 n 种不同的结果。第 i 种结果的财富变化为 $W+xi$，发生概率为 pi，个体的财富效用函数为 U（W）。为了进行决策，必须满足不等式 $\sum iU(W+xi)pi > U(W)$。通常，效用函数 U（W）被假设为一个一致性风险厌恶形式，其二阶导数小于 0，例如对数效用函数 U（W）$=\ln$（W）。展望理论在大量实验数据的基础上提出，个体做出经济决策除了取决于结果还与其经济预期和设想即展望有密切关系，现状与展望的差距决定了其经济决策。决策前普遍存在一个预期参考，各种结果都会与这个预期进行比对，高于参考点的结果会使人表现出明显的风险厌恶，而低于参考点的损失则会带来普遍的风险偏好，希望小的概率来避免损失。个体对于概率的反应也明显是非线性的，对于小概率的过于敏感或期待或对于大概率的认知不足都会导致所谓的阿莱悖论，这也是展望理论可以很好地解释人们买彩票、买车祸保险等经济行为的原因，个体对于概率的展望总是非线性的。

因此，除了完全理性主体假设下的传统经济学，对于分析经济行为的决策及后果时也应该引入行为经济学，用以解释和理解经济主体偏离理性行为的原因。

2.2.6 代理理论

委托代理理论是 20 世纪 60 年代末从企业理论中发展而来的，用以解决企业内部的信息不对称以及激励问题，进而寻求委托人激励代理人的最优方式。代理理论的主要研究对象是企业所有者和决策者之间的契约关系，拥有资源的是委托人，而负责控制这些资源的是代理人。代理人理论指出企业高管本身拥有部分企业资源时，他们就拥有了部分剩余索取权，企业收益就会促使其为谋求更高的收益而工作，如果这个比例很高就不会存在代理问题。现代企业通常以股票的方式进行融资，这就极大稀释了企业管理人员的剩余索取权，这种情况下就会出现提高在职消费、降低工作强度等负面的代理问题。企业的管理者如果是一个完全理性的经济个体，是否拥有全部股权，其行为会存在显著差异。这一代理行为除了通过股票融资的企业会存在外，举债的企业也同样存在。代理成本可以分为监督成本、守约成本和剩余损失，监督成本就是为了降低代理问题设置机制带来的成本，守约成本则是为了对约定执行状况进行审计核定带来的综合成本，剩余损失就是委托人和代理人其他方面的差异带来的经济损失。

代理理论还进一步分析了代理问题中的信息不对称现象。代理人拥有的信息优势会反向作用于委托人对其行为的约束。假定委托人和代理人双方都完全理性，那么其代理契约的目的都是最大化自身利益，代理人为了提高收益可能会存在利用信息优势损害委托人利益的行为，比如高额在职消费等。因此以帕累托最优状态来描述委托双方利益均最大化且没有损害另一方的行为，即在有效的市场机制中任何有损对方的行为都需要承担相应的后果，比如经理人的声望损失、经济体的信用等级降低、审计单位资格的失去等。保证双方最大化利益过程中没有损害行为就会提升契约成本，为了强化对被委托人的约束就会提升监管成本，履职报告、内外部审计都是这样的机制，这些机制帮助降低信息不对称，使股东更加了解企业管理人员和企业现状，也帮助管理人员维持其工资水平。

2.3 理论框架

2.3.1 环境规制对绿色技术创新的影响研究

绿色技术创新被认为是解决环境问题、实现经济与环境平衡发展的根本途径。在这一过程中，无论是实施集权性质的环境规制政策，还是采用分权性质的环境规制手段，以及提供绿色补贴，都是推动绿色技术创新发展的基本策略。环境规制是生产者进行绿色技术创新的目的，但会增加其绿色技术创新的成本，针对性补贴则直接激励了绿色技术创新。因此环境规制对绿色技术创新的影响存在明显的阶段性和场景差异，分析不同情况下的影响具有重要的应用价值。本节通过多省份的均衡模型探讨环境规制中正向的补贴和负向的污染税或罚款对绿色科技创新的影响。

在我国环境规制多数是以省份为单位颁布的，具有明显的省际异质性。在 Eichner T 等（2014）理论基础上，我们选取每个省份具有代表性的经济单元、绿色技术部门和污染排放部门研究资本的省际流动。市场机制主导了资本的流动，而污染物则有明显的扩散和溢出效应。若 i 省福利最大化条件为 $U_i=(c_i,\ e_i)$，c_i 和 e_i 分别代表消费和环境影响，基于整体 n 个省份的纳什均衡即可构建模型。选取一个负向的措施 τ 比如排污费来代表这一类环境规制政策，同时选取正向的措施 σ 来表示补贴、减免等降低财政收入或增加财政支出的环境规制政策，为求 i 省福利最大化的一阶导数对其进行微分则存在

$$\frac{\partial u_i}{\partial \tau_i}=U_c\frac{\partial c_i}{\partial \tau_i}+U_e\frac{\partial e_i}{\partial \tau_i}$$

$$\frac{\partial u_i}{\partial \sigma_i}=U_c\frac{\partial c_i}{\partial \sigma_i}+U_e\frac{\partial e_i}{\partial \sigma_i}$$

再做进一步分别分析之前假定下述限制条件，即资本完全自由流动且短期内总量一定，消费者福利受到工资和转移性收入影响，而生产部门被划分为排污部门和绿色部门两类。

首先分析生产部门。排污生产部门在环境规制的压力下必须进行绿色技术创新才能够实现技术升级进而转变为符合环境规制的绿色部门，而所有类型的生产部门都是绿色技术创新投入的价格承担者。排污部门持续排放污染物，而绿色部门则不排放任何污染物，这显然是一个最终的理想化状况，需要通过绿色基础创新渐进式实现，在模型中简化为理想的最终状态。

其次分析污染部门。在分析污染部门的技术时，我们把污染部门的技术记为 X（Kxi），其中 Kxi 是资本投入。在利率为正值的条件下，该生产函数是正向的，并且其边际回报率呈现出递减的特征，这表明该函数满足一定的条件。根据 Ogawa H 等（2009）的研究，他们在建模过程中提出，生产部门单位产出的排污量近似为常数。基于这一假设，我们可以得出某些结论。如果一个省份对污染部门征收污染税，那么我们可以计算出在环境规制下的税后利润。利润的最大值可以通过对税后利润函数求导数得到。在污染部门，资本投入的成本是在边际收益与边际成本相等的情况下

确定的，这一成本会受到利率和环境规制税率的影响。提高排污税率会导致污染部门的边际成本增加。如果在正向环境规制比如绿色技术创新补贴对单位资本投入进行额度为 A 的情况下，绿色生产部门在正向环境规制的补贴下利润为 $\pi_{yi} = Y(k_{yi}) - (r - \sigma_i) k_{yi}$ ，一阶导数表示利润最大值 $Y'(K_{yi}) = (r - \sigma_i)$ 。针对以上分析，不同生产部门实施环境规制的情况下，i 省的资本会不断流入绿色生产部门直到其边际收益加上补贴等于现行利率，这说明 i 省增加正向环境规制的补贴直接降低绿色部门资本的边际成本。

对于资本，在完全市场化的情况下各个省份都具有某一单位的资本 k_0 ，显然 $k_0 > 0$。资本在短期内无弹性供应，就是说所有省份有固定的资本总量，有 $\sum_{i=1}^{n}(k_{xi} + k_{yi}) = n k_0$ ，所有省份各部门资本供需也是一个相等的状态。在最大化利润的一阶条件下，不同省份资本在污染部门和绿色部门之间的配置状况也被决定了；利率水平作为一种政策工具也是上述两种环境规制类型（τ_i，σ_i）的函数，所以就有 $k_{xi} = k_x$ ，$k_{yi} = k_y$ ，且 $k_x + k_y = \bar{k}$ 。对前式进行微分可得

$$\frac{\partial r}{\partial \tau_i} = -\frac{a Y''}{n(X + Y)} < 0$$

$$\frac{\partial k_{xi}}{\partial \tau_i} = -\frac{a [nX'' + (n - 1)Y'']}{nX''(X'' + Y'')} < 0$$

$$\frac{\partial k_{xj}}{\partial \tau_i} = -\frac{aY''}{nX''(X'' + Y'')} > 0, \ j \neq i$$

$$\frac{\partial k_{yj}}{\partial \tau_i} = -\frac{a}{n(X + Y)} > 0$$

同理得出正向环境规制补贴对资本的影响

$$\frac{\partial r}{\partial \sigma_i} = \frac{X''}{n(X + Y)} > 0$$

$$\frac{\partial k_{yi}}{\partial \sigma_i} = -\frac{(n - 1)X'' + nY''}{nY''(X'' + Y'')} > 0$$

$$\frac{\partial k_{yi}}{\partial \sigma_i} = \frac{X''}{nY''(X'' + Y'')} < 0, \ j \neq i$$

$$\frac{\partial k_{xi}}{\partial \sigma_i} = \frac{1}{n(X + Y)} < 0$$

补贴促使资本从其他省份的绿色生产部门流向本省份绿色生产部门，与此同时也带来了资本从所有省份污染部门流出的直接结果。因此不同的环境规制都会导致绿色生产部门总投资增加，污染生产部门总投资减少。

最后分析消费端的居民家庭。不同省份的每一个消费单元都有差异化的消费偏好，把 i 省份的消费指数记作 c_i ，这一消费主要分为三部分，包括消费者原有资本 K_0 及利息为 rK_0 ，在本省生产部门工作获得的工资和利息，以及被记为 $b_i = \tau_i \alpha k_{xi} - \sigma k_{yi}$ 的转移性收入。其中，b_i 表示环境规制中正向的补贴大于负向的排污税税收。因此 i 省份内部居民消费约束就可以表示为 $c_i = r\bar{k} + \pi_{xi} + \pi_{yi} + b_i = r\bar{k} + X(k_{xi}) - rk_{xi} + Y(k_{xi}) - rk_{xi}$ ，等式可以说明居民消费支出等于资本收入与各类生产部门利润之和，根据前式的对称性可以推导出

$$\frac{\partial c_i}{\partial \tau_i} = \alpha\tau \frac{\partial k_{xi}}{\partial \tau_i} - \sigma \frac{\partial k_{yi}}{\partial \tau_i} = \frac{\alpha^2 \tau [nX + (n-1)Y]}{nX''(X'' + Y'')} + \frac{\alpha\sigma}{n(X'' + Y'')} < 0$$

$$\frac{\partial c_j}{\partial \tau_i} = \alpha\tau \frac{\partial k_{xj}}{\partial \tau_i} - \sigma \frac{\partial k_{yi}}{\partial \tau_i} = - \frac{\alpha^2 \tau Y''}{nX''(X'' + Y'')} + \frac{\alpha\sigma}{n(X'' + Y'')} > 0,\ j \neq i$$

可以看出无论是正向还是负向的环境规制都会影响生产者的投资决策。积极的环境规制举措即相对较高的税率和补贴率会直接降低污染生产部门的投资使其边际利润为正，也会使绿色生产部门投资过高，边际利润为负。在 $\tau > 0$、$\sigma > 0$ 的条件下，不同方向的环境规制都会导致 i 省份各种类型部门的总收益减少，进而传导到私人收入和支出上。与此不同的是，前述不等式 $\tau > 0$、$\sigma > 0$ 表明 i 省份提高负向环境规制税率对 j 省份私人消费的影响并不一定为负。进一步分析正向环境规制的

$$\frac{\partial c_i}{\partial \sigma_i} = \alpha\tau \frac{\partial k_{xi}}{\partial \sigma_i} - \sigma \frac{\partial k_{yi}}{\partial \sigma_i} = \frac{\alpha[(n-1)X + nY'']}{nY''(X'' + Y'')} + \frac{\alpha\sigma}{n(X'' + Y'')} < 0$$

$$\frac{\partial c_j}{\partial \sigma_i} = \alpha\tau \frac{\partial k_{xj}}{\partial \sigma_i} - \sigma \frac{\partial k_{yi}}{\partial \sigma_i} = - \frac{\sigma X''}{nY''(X'' + Y'')} + \frac{\alpha\sigma}{n(X'' + Y'')} > 0,\ j \neq i$$

可以发现当 i 省份提高正向环境规制的情况下，本省份居民的个人收入和消费都会下降，投资将会进一步被扭曲。而对于 i 省份以外的其他任意 j 省份居民收入和消费，环境规制影响的方向不确定，因为 i 省份的正向环境规制会导致 j 省份绿色生产部门投资流出，这会降低投资扭曲的程度。

针对环境规制的上述影响，可以得出生产部门会持续排放污染物或者其他排放物，某一个地区排放物对周围不同区域产生的影响也不相同，

Ogawa 等（2009）提供了一种定义排放物污染程度的方法。参照这种做法，本书认定对本区域造成负面影响的排放物为污染物。i 省份污染生产部门的排放为

$$e_i = \alpha k_{xi} + \alpha\beta \sum_{j \neq i}^{n} k_{xj}$$

i 省份受到的污染为 β 且 $\beta \in [0, 1]$。当 $\beta = 0$ 时就表示 i 省份的污染全部来自本省份污染生产部门，不受到外省份扩散的影响，当 $\beta = 1$ 时就表明 $e_i = a_{j=1}^{n} k_{xj} = e$，即存在的污染并不是全部来自本省份的生产部门，比如雾霾这一类空气污染就属于这一类。通过静态比较分析，我们可以得出正向和负向环境规制对绿色科技创新的影响，对于以排污税为代表的负向环境规制有

$$\frac{\partial e_i}{\partial \tau_i} = \alpha \frac{\partial k_{xi}}{\partial \tau_i} + \alpha\beta(n-1)\frac{\partial k_{yi}}{\partial \tau_i} = \frac{\alpha^2[nX'' + (1-\beta)(n-1)Y'']}{nX''(X''+Y'')} < 0$$

$$\frac{\partial e_j}{\partial \tau_i} = \alpha\beta \frac{\partial k_{xj}}{\partial \tau_i} + \alpha[1+\beta(n-2)]\frac{\partial k_{xi}}{\partial \tau_i} = \frac{\alpha^2[\beta nX + (1-\beta)Y'']}{nX''(X''+Y'')} > 0,\ j \neq i$$

这说明围绕污染治理的目的，负向环境规制税率的提升是有利于降低污染的，但提高负向环境规制税率对于外省份污染控制的影响则不确定。正向的环境规制补贴政策类似的有

$$\frac{\partial e_i}{\partial \tau_i} = \alpha[1+\beta(n-1)]\frac{\partial k_{xj}}{\partial \sigma_i} = \frac{\alpha[1+\beta(n-1)]}{n(X+Y)} < 0$$

这表明在 i 省增加环境补贴的情况下，资本从其他省份污染和绿色生产部门流向 i 省份的绿色生产部门，这会带来本身污染量的下降，全国总污染量也会下降。综合两种不同方向环境规制对绿色技术创新的影响，我们可以发现正向的环境补贴比负向的排污税对绿色技术创新的促进作用更加明确。在此基础上，对不同强度和方式的环境规制对绿色技术创新的作用进行分类分析。

（1）不同强度环境规制对绿色技术创新的影响研究

环境规制强度其实就是环境规制执行的程度，对强度进行描述可以很好地测度环境规制政策的效果和最终的落实情况，所以环境规则强度和方式是环境规制的两个主要维度和核心内容。环境规制是以政府干预为手段达成降低污染物排放的目标。环境规制实施的主体主要是各类生产部门，在各种环境政策的作用下企业相关的绿色技术创新都受到了直接和间接的

不同影响，而这些影响导致的结果也是复杂多样的。随着环境规制越来越广泛，相关的研究也从新古典经济学拓展到各个领域。环境规制强度增加带来的额外生产成本造成的企业生产率和利润率降低都引起了研究者和产业界的广泛关注，而“波特假说”通过创新补偿效应提出如果环境规制得当则有可能促进生产部门利润率和竞争力的提高，因此环境规制强度对绿色技术创新也存在两个不同方向的影响。

从环境规制强度这一维度上，对绿色科技创新的正面推动作用主要表现在减少技术创新的不确定性和风险、增加企业绿色技术创新动力以及对企业获得先发优势进行激励与保障三个方面。

第一，环境规制强度可以减少企业技术创新的不确定性和风险。在高强度的环境规制下，绿色技术创新的不确定性来自相关政策设计和实施的不确定性，这些不确定性都是企业进行绿色技术创新的潜在风险，一旦环境规制实施程度发生变化，相应的绿色技术创新资源配置也会随之改变，进而带来绿色技术创新方向、规模等方面的变化。比如环境规制中技术标准的改变、执行期限的改变等，都会决定企业选择何种绿色技术创新路径。如果这些环境规制的确定性强，则会大大降低企业绿色技术创新的风险。在环境规制的举措和机制日趋完善的阶段，更广泛有效的公共参与机制被引入，环境规制的执行程度也更有针对性和灵活性，这有利于企业绿色技术创新资源的最优化配置以最大化绿色技术创新效果。

第二，环境规制制度可以增加企业绿色技术创新动力。企业绿色技术创新的动力始终来自商业需求市场驱动以及科技推动两个方面，市场拉动是指社会对绿色技术创新型产品有较高需求，而科技推动指的是科技进步带动绿色技术创新。在缺乏环境规制的阶段，以利润最大化为唯一目标的生产部门排污没有成本，向社会输出负外部性，政府没有提供足够的保护措施和激励来促进绿色技术的创新。由于环境污染带来的外部成本不为市场所内部化，社会资源配置实际上是被扭曲的，这阻止了资源达到帕累托最优配置，进而引发了资源配置的误区和低效率使用。因此，严格的环境监管政策能够迅速帮助政府和社会激励企业通过不同方式来控制污染和改善环境，使得绿色技术创新在生产过程中变得至关重要。对于消费端，环保的趋势也使大众对于环保带来的价格成本接受程度变高，随着绿色产品的市场逐渐扩大，消费者的绿色偏好也被逐渐创造和培养出来。绿色市场需求的培育及扩大也从社会需求层面进一步驱动企业投入更多的资源进行绿色技术创新。在环境规制执行程度不断深化的情况下，政府也可以从环境政策中筹措到更多的资金比如污染税用于支持各类社会主体的绿色技术创新，这也从科学技术的方向拉动了企业进行环保技术革新，进而推动绿色技术创新。

第三，环境规制强度对企业获得先发优势进行激励与保障。波特假说指出，适当的环境规制能够激励企业进行绿色技术创新，这不仅增加了企业的利润和国际竞争力，还有助于推动生产率的提升。这是论述环境规制和绿色技术创新的动态视角，其理论的核心在于创新补偿和先动优势。经济发展带来的环境问题已经使公众的环保意识以及对环境的要求不断提高，绿色技术比传统技术具有更符合公众预期及政策监管的优势，由此可能获得巨大的竞争优势，这种通过绿色技术创新获得的先发优势就是环境规制深入实施的结果。其效果主要反映在两个方面：一方面，绿色创新相关领域的企业会在短时期内得到极大发展并催生出新的市场。在绿色意识逐渐深化的情况下，企业知名度、经验、品牌效应甚至技术话语权都得以提升，这些优势促使企业进一步进行绿色技术创新以保持和深化企业的竞争力，使企业走可持续发展的道路，也对其他竞争者形成了先发优势和壁垒。相关环境规制也会给主流绿色技术企业提供一定程度的支持，因此在当前环境规制强度下，通过绿色技术创新抢占绿色科技的高地，利用产品、工艺、技术等方面的先发优势可以获得高额利润。另一方面，在公众绿色环保意识觉醒的大背景下，绿色产品的需求日渐扩大，绿色市场也成为一个潜力巨大的蓝海。代表未来趋势的绿色市场是可以通过绿色技术创新抢占其份额的，越快抢占份额就会带来越明显的先发优势，相关的绿色产品给企业带来的差异化优势、高品牌美誉度和销售额都可以直接促进企业利润的增加。

环境规制强度对绿色技术创新的负面作用也是显著存在的，主要可以分为技术风险增大、额外投入成本增加和路径依赖阻力三个方面：

第一，严苛的环境规制会使技术基础薄弱的企业在绿色技术创新方面的技术风险增大。绿色技术创新本来就是要承担市场、管理、环境、技术等多种风险，在没有环境规制的情况下市场和环境风险都相对可控，企业可以通过调研获得稳定有效的信息开展绿色技术创新，决定其研发的路径、进入及投入规模，因此绿色技术创新具有相对可控的风险。但如果环境规制的实施很严格，短时间内市场、行业、政策都会发生相应的剧烈调整，企业之前的技术投入就存在更大风险，在短时期内获得完整市场信息进行技术路线调整的困难也会增加，尤其是本身技术基础薄弱的企业可能不具备调整绿色技术创新的能力，这都增加了企业的风险。事实上，在环境规制调整和试运行的阶段这些风险不可避免，其后市场变化就会逐渐稳定。有一定能力储备的企业会相应调整绿色技术创新方向并制定相应发展战略，但无法充分获得所有市场信息、掌握行业绿色技术动态和发展趋势的企业不在少数。因此绿色技术创新的风险下大部分企业会选择后发优势战略，通过跟随实力雄厚企业的绿色技术创新进行技术跨越和改造，或者直接引进、内化甚至模仿是多数企业的选择，这也是绿色技术溢出的必然结果，如果相关的绿色技术创新出现方向性错误或者失败，相关的风险则不会传导到后发战略企业上。对于整体的绿色技术创新而言，选择这种策略是弊大于利的，这会降低优势企业开展绿色技术创新的积极性和收益，资本也会因为收益降低倾向于不再流入绿色技术创新，最终会阻碍整个生产部门的绿色技术创新。

第二，额外投入成本增加。在高强度环境规制强度下，企业会投入额外的成本以应对政策的变化，这占用了绿色技术创新的资金进而阻碍绿色技术创新活动。其具体表现在：①大量环境规制是以收取各项费用的形式作用于企业的，比如收取一定的排污费等，这样在一个时期内排放超标的企业就会成本升高，各种环境要素需求高的企业都需要承担这个成本，相关高环境负荷产品的供给也会减少；②高强度环境规制在刚出台的一个时期内，会直接推高各个企业的环保成本，比如购置净化设施、建立内部环保组织花费等，同时用以合规的间接成本也会显著增加，比如员工培训、工艺改良、排放自检等方面的花费。高强度的环境规制执行带来的成本增加直接作用于企业绿色技术创新主要会引发两方面的问题：一是企业为了合规要投入资金进行直接的污染控制和治理，而会极大占用原本用于绿色技术创新的资金，进而降低研发效率。二是合规会带来日常运营成本的增加，满足高强度环境规制也会占用企业绿色技术创新的人力、研发等各个方面的资源。③企业为了合规进行的投入也会占用企业用于扩大再生产的投资，这会降低企业的生产能力，直接导致产量和利润的降低，这会进一步限制企业进行绿色技术创新的资金来源，阻碍企业进行绿色技术升级。

第三，路径依赖阻力增加。企业的发展路径都存在紧密且相互依赖的关系，尤其是在技术创新方面会形成路径依赖，这体现在现有技术与绿色技术的重叠程度上。这种路径依赖的阻力会随着现有技术与绿色技术之间资源能源使用率的差距扩大而增加。在高强度环境规制下，企业的发展转型会加快，倾向于使用环境友好的绿色技术。这要求企业从理念到举措都进行转变，包括从供应链、设备器械、排放管理、人才建设和技术创新都进行变革，想要做到这点就需要企业进行全方位的改革，这不但会引起开支的增加，也会带来各个方面的不稳定，现有产品和服务与绿色产品和服务之间的差距增大，新产品可以利用的现有资源也更加有限，在路径依赖阻力的作用下企业的绿色技术创新会面临巨大挑战。

在生产活动中，不同行业之间存在明显的差异，环境规制的强度对企业的作用也因行业而异。这意味着在环境规制相同的条件下，不同企业受到的绿色技术创新激励程度有所区别，并非所有的企业绿色技术创新均受环境规制的影响。环境规制对企业绿色技术创新的作用是一个动态变化的过程，其在不同时间段的影响效果各异，包括正面和负面的效应，这些效应可能会随时间而相互转化。然而，可以预见的是，随着环境规制体系的不断完善和企业对绿色技术的不断应用，环境规制对企业绿色技术创新的促进作用将逐步占据主导地位。

（2）不同的环境规制方式对绿色技术创新的影响研究

自 20 世纪 70 年代起，学者们便开始广泛探讨各种环境规制工具对经济的潜在影响。目前的研究普遍认为，在激发绿色技术创新方面，市场激励型的环境规制方法比命令控制型的强制性规制更为有效。换言之，政府采取市场激励型的环境规制措施，能够更有效地促使企业进行绿色技术创新。

环境规制方式指的是政府在解决污染问题时使用的不同政策工具，环境规制往往由一系列制度安排和执行举措构成。这些政策工具是环境规制达到环境治理目的的手段，包括最终目标的治理以及达成目标的路径控制。行政限制、市场激励和社会规制是常见的三类手段，欧美国家推崇市场激励和社会规制，而发展中国家则以效果显著且直接的行政限制为主。不同类型的环境规制方式在不同情景下会对绿色技术创新产生完全不同的效果，既存在正向的也存在负向的，而每一个地区在进行环境规制时也是通过不同方式进行组合发挥综合的作用。下面探讨这三种环境规制方式对绿色技术创新的影响。

第一，行政限制手段对绿色技术革新的作用。

在行政限制手段中，对特定有害产品的禁售是一项关键措施。这类禁令对国际贸易产生了显著影响，尤其是在那些已经成熟并广泛传播、对环境和人类健康有害的物质上。对于制造商而言，一旦这些物质被禁止，他们之前在研发、营销和分销上的投资可能会付之东流，造成重大的经济损失。此外，这些产品的生产工艺经历了长期的优化，成本边际效应已经从高峰下滑，这意味着禁令可能会对企业的财务状况产生严重的负面影响。

当禁令实施，不仅会导致立即失去产品的利润，还可能损害企业的市场份额、客户网络和品牌形象，对其竞争力构成极大的威胁。在这种背景下，绿色技术的创新成为企业应对禁令、保持市场竞争力的一个重要手段。企业通常会采取技术革新措施以符合新的法规要求，这包括三种绿色技术创新方式：替代、利用和改进现有产品。

在产品标准和标志方面，产品规范与认证标志涉及产品在上市时必须满足的特定要求，并据此获得认证标志，如消费品领域的卫生安全和市场准入标准。这些标准不仅影响消费者的购买决策，而且使未达标的产品在曝光后可能会遭受行政惩罚和市场排斥。这种压力驱使生产商进行绿色技术的创新，以确保产品满足标准并通过认证。然而，这种强制性的环境规制有时会抑制绿色技术创新，因为达标仅是基本门槛，标准的更新可能滞后，导致企业缺乏持续创新的动力。另外，绿色技术创新可能与现行产品标准不匹配，这对绿色技术的进步形成了阻碍。

在技术规范领域，技术标准有时会受到批评，被看作对技术创新的限制。这种批评基于标准化和创新之间固有的紧张关系。技术标准的设定通常参考当前绿色技术的最佳水平或短期内的预期上限。短期内，绿色技术标准能显著激励企业采取环保技术，使其更易满足环境要求。在市场竞争激烈的绿色技术领域，标准可能有助于某些技术占据和扩大市场份额，对其他技术起到促进作用。然而，技术驱动的环境规制给企业带来的成本也不容忽视，要求管理者采取分步骤的方法来实现技术标准，这可能会影响企业原有的绿色技术创新路径。管理者实施绿色技术标准需要大量的资源和技术研发以及时间来验证技术的有效性和新污染排放情况，这些都给企业在一段时间内的生产和内部非技术标准框架下的绿色技术创新带来了压力。

在市场准入问题上，各生产部门受到的影响因其在市场中的地位而异。领先企业凭借众多的许可、资质和认证等准入条件，已经占据了大片市场甚至形成了垄断，获得了额外利润。而对于新进入者，如果环境相关的准入机制过于严格，可能会干扰其市场准备和决策过程。例如，临床试验和实验室数据等环节的审批可能导致新企业长期无法进入市场。因此，绿色市场准入制度对绿色技术创新产生了复杂且多样化的影响。在追求准入资格的过程中，绿色技术创新的投入可能会导致出现初期成本效应，但随着企业为了满足市场准入而加大研发投入，其整体技术能力将得到提升。此外，某些技术的溢出效应可能促进绿色技术创新的发展，对创新优势企业有利。然而，准入制度可能在一定程度上对新产品和小企业形成客观上的歧视，从而阻碍这些企业的绿色技术创新。

环境绩效标准旨在通过明确规定排放绩效目标，以结构化的方法激发企业对绿色技术的自发性需求，从而有效地促进绿色技术的创新。这些标准虽然设定了技术发展路径和规范，但也赋予了企业较大的自由度，使其能够根据自身的特点和能力，通过绿色技术创新来实现这些环境绩效标准。政府在制定这些标准时，是基于当前可实现条件下的最佳环境绩效，因此只有少数企业可能无法达到这些标准，这反而增强了绿色技术创新的动力，激励了各种类型的企业进行绿色技术创新。

第二，市场激励环境规制对绿色技术创新的影响。

首先，在环境税方面。环境税事实上是一系列税费的统称，是一种通过税收手段对绿色技术创新进行市场激励的手段。政府为了达成环境保护和污染治理的目标，可以选择征收各种类型的环境税来调节市场中各个主体的行为，这个调节作用是通过市场机制发挥作用的，这一类税费在此也被统称为环境税，既包括直接以环境保护为目标的税种比如排污费等，也包括对环境污染负外部性进行干预能够起到环境保护目的的间接税种。通常环境税会随着具体情况进行动态系统地调整，目前发达国家广泛运用并取得极大收效的市场激励型环境规制手段，通过将环境污染的社会成本内化到企业产品的价格中，以市场机制对资源进行重新分配。环境税中有直接对绿色技术创新进行激励的相关减免计划和基金，这会对绿色技术创新起到直接正面的促进作用。企业为了获取相关的税费减免或者降低相关污染税费都会倾向于积极开展绿色技术创新，主动优化绿色技术创新路径以提升利润。

其次，在排污收费方面。直接对污染物以排放规模进行收费也是一种灵活的环境规制手段，可以直接向企业收取或者筹措治理基金。这项环境规制手段被证明可以有效促进企业进行绿色技术创新。收取排污费这种环境规制方式给了企业选择的空间，企业通过计算其绿色技术创新进度进行策略组合，在达到强制环境标准和最小投入之间寻求平衡，这样可以持续为绿色技术创新争取更大的资源。实施上排污费是一个对绿色技术创新依赖较小的手段，它并没有规定企业必须通过绿色技术来达到标准，因此对于某些企业来说也可能选择交费而放弃绿色技术创新，但如果采用动态上升的收费方式，对于任何企业来说，最经济的手段都是进行逐步的绿色技术改造，无论通过引进内化的方式还是开展原创性绿色技术创新活动。

再次，在环境补贴方面。它是主管部门推行的一种正向环境规制，通过给予一定程度的补贴帮助暂时没有能力达标的企业维持生产，这种措施会抑制绿色技术创新。因为企业并不是资源环境的拥有者，这一错位的关系会降低企业绿色技术创新动力来减少污染物的排放，也会占据政府支持绿色技术创新的资金。企业在有环境补贴的预期下会倾向于不进行绿色技术改造，同时达标企业的绿色技术创新成本也无法转化为优势体现在收益中，会对绿色技术创新造成比较广泛的负面影响。

最后，在排污许可方面。很多发达国家发展出一系列的污染物排放权交易制度，作为一种市场手段对限制污染和平衡发展起到了关键作用，我国也开展了旨在达成“双减”目标的用能权交易试点工作。排污许可和交易制度对于绿色技术创新的影响并没有明确证据，因为不同许可制度的具体运行方式不尽相同。从正向影响上看，如果企业的排放权够用则不需要进行绿色技术创新，但如果因为污染量超标则需要进行绿色技术创新或者通过相关额度采购来完成生产，这会有效激励企业进行绿色技术创新。但不同环境标准、技术水平、污染类型和性质等各种因素在绿色技术创新存在较高不确定性的情况下，都会使企业做出不同的决定，因此绿色技术创新并非总是有效的路径。此外现行的排污许可证和交易制度通常采用历史基准值作为参考，高污染的企业有很大概率获得高额度排污许可，这会使企业开展绿色技术创新的积极性受到打击。

第三，社会规制工具对绿色技术创新的影响。

社会规制工具主要是通过签署自愿协议呈现的。这种协议一般是行业协会和政府之间达成的合约，这种协议对于企业是具有吸引力的，这提升了企业的自主性和灵活性，改善了与监管部门的关系，也降低了政府的治理成本。协议往往会承诺企业会减小其生产对环境造成的压力，是一种比较新的环境规制手段。自愿协议的存在使得企业外部压力较小，因此一般企业很难保持持续的绿色技术创新投入，多数会选择渐进式的技术改造，很难获得绿色技术突破，但对于自身具有长期绿色创新战略的企业则提供了更灵活自主的绿色技术创新空间。

借助信息披露，在很多企业寻求融资的过程中对其生产数据信息披露有强制要求，这往往会促使企业进行绿色技术创新以获得更高的市场估值。虽然信息披露对绿色技术创新的影响也是复杂多面的，但绿色技术创新整体作为一种技术创新其一定程度的投入和较高的水平都会得到市场的认可，绿色技术创新也会获得更良好的公众形象。

达成技术条约，它是一种比自愿协议更具强制力的手段，通常规定了企业采用技术的方式实现，这都直接促进了企业开展绿色技术创新活动。但事实上如果企业无法通过绿色技术创新达到条约中约定的技术等级，也有可能通过放弃相关产品线或者外包的方式解决难以达到环境标准的问题，这种情况就抑制了绿色技术创新活动的进展。

在环境标志方面，相关部门对达到某些环境标准的企业授予环境标志以引导消费者的选择，也促使更多企业达标。这种使绿色产品市场透明化的手段刺激了企业进行绿色技术创新，但通常这种环境标志的要求较低，并无太大挑战性，对绿色技术创新的激励作用有限。

上述对比分析表明，不同类型的手段对不同情况下的企业绿色技术创新的影响具有很大差异，以环境绩效标准、市场准入为代表的手段对于激励企业进行绿色技术创新有比较显著的效果，而产品标志、排污许可等工具的绿色技术创新激励作用则有待进一步增强；各种环境规制手段都存在不同程度的积极影响，对于企业可能存在异质性效果。对于中国各个地区政府如何选择环境规制手段都需要对整体的目标和自身禀赋做综合分析，在以行政限制为主的规制逐步转化为综合利用市场激励和行政限制，以社会规制作为补充的综合环境规制体系。

2.3.2 管理者环境认知对绿色技术创新的影响研究

从认知的视角出发，管理者关注环境问题的程度会影响其对一系列信息的获取和判断，进而改变其在企业管理中采取的相关的环境举措和决策，包括企业以何种方式执行环境举措达成环境规制，企业整体各方面的指标都会直接或间接受此影响。作为一个企业管理者，企业各方面的条件和面临的问题很大程度上并不是客观存在的真实内外部环境，而是管理者经过主观判断和处理的相关信息，即便是数据绝对的真实客观也只存在于理论中。管理者环境认知受限于其对问题认识的角度、目的和全面程度，在受限理论的框架下企业管理者对外部环境的关注会主动将其与企业管理信息进行关联，但这个关联并不是全面准确的而是相对受限的。高层管理者的环境认知会直接影响与企业所有环境相关的决策，利用收到的有限信息，其认知中的因果逻辑会形成一系列的相关战略和决策。管理者环境认知强的企业会不断强化绿色技术创新，绿色产品和服务的研发会根据内外部条件持续进行，企业会倾向于提早布局进行绿色技术储备，并采用多元化战略增加应对环境规制突变、市场技术突破等情况的能力，增加企业的战略韧性，通过对公众及法规环境需求的综合判断，制定不同的绿色技术创新以促使企业具备更强的适应性，进而对企业各方面的指标产生影响。Tuggle（2010）在对不同环保重视程度的企业管理人员行为与认知进行综合分析后就发现，更高环境认知程度的企业管理人员会更重视企业的环境指标，在改善环境指标的过程中会选择绿色技术创新的途径以获得长期的竞争优势，得出高层管理者的环境认知对企业绿色技术创新有促进作用的结论。因此管理者环境认知会通过促进企业绿色竞争力带动绿色技术创新。

从注意力基础观出发，企业管理者的注意力决定了企业的发展战略，在达成战略的过程中各种策略也与管理者环境认知中不同目标的优先级有关。在以企业可持续发展为目标的环保战略中，环保目标往往和短期收益指标相冲突，管理者的注意力偏好就会决定企业发展指标和环境指标的平衡点。Teece（1997）对企业高管环保决策的动机进行分析时发现，股东对环保的要求是最直接的动因，无论是来自股东的合规关切还是公众压力，都通过持股人直接影响了环保在管理者认知中的重要程度进而促使其进行绿色创新，绿色技术就是其中的重要内容。张小军（2012）在对企业的绿色创新战略进行研究时发现，利益相关者的环境压力会改变其环境认知，这都会促使其直接和间接地采取行动对绿色创新施加影响，而受到重视的企业绿色技术创新往往会有更好的结果。曹洪军等（2017）对文献数据进行整理得出企业管理者环境认知正向作用于企业创新战略的结论。从结果上看环境认知整体提升了企业的绿色创新水平，绿色创新同时也与绿色技术创新表现出极大的相关性。因此管理者环境认知会通过对绿色创新的整体推动带动绿色技术创新。

从社会责任理论出发，企业环境责任是企业在生产运营过程中积极主动感知并改善环境的一种责任感，是内生的主动意识，这会促使企业采用多种手段保护有利于企业绿色发展的各种活动，包括绿色技术创新。企业的环境责任是企业发展过程中面临的重大课题，尤其是持续发展的企业在不断追求盈利的同时，如果忽略其环境责任就会对企业发展产生日渐突出的负面影响，而管理者环境认知很大程度上决定了企业环境责任的定位和落实。尤其对于重资产的实体行业来说，如果规模较小，在绿色可持续发展的大趋势以及趋向严格的环境规制下，就需要管理者对环境策略进行科学规划和严格执行才能够保证企业的可持续发展。中小企业的环境责任受到的公众关注度不如大型企业尤其是上市公司高，因此管理者的环境认知直接决定了企业的环境责任，较低管理者环境认知的企业往往环境责任意识薄弱，也不会将资源投入绿色技术创新。聂伟（2016）对不同区域市场主体减排行为进行了研究，结果表明主体环境认知度会对其环境责任产生影响，越处于关键职位的人员在越小的主体中其环境认知对环境责任的影响越大，而高层管理者的环境认知对企业环境责任的影响几乎是决定性的。姜雨峰等（2014）分析企业绿色技术创新，发现环境责任意识较差的企业即便资源充裕也无法取得较高的绿色技术创新绩效，而环境责任意识强的企业则往往可以更有效地配置与利用资源进行高效的绿色技术创新并获得较高的绿色技术创新产出。所以管理者环境认知会使企业具有较强的环境责任感，而环境责任感强的企业会推动绿色技术创新。因此，管理者环境认知会通过改变企业环境责任影响企业绿色技术创新。

2.3.3 管理者环境认知在环境规制对绿色技术创新影响中的调节效应

分析结果显示，环境规制对绿色技术创新的作用是由多种因素共同引起的。不同的环境规制措施主要通过四个方面来影响绿色技术创新：资本投入、技术进步、创新能力以及创新扩散（见图 2-1）。同时，管理者的环境认知在这四个方面起到了调节作用，影响了环境规制对绿色技术创新的效果。

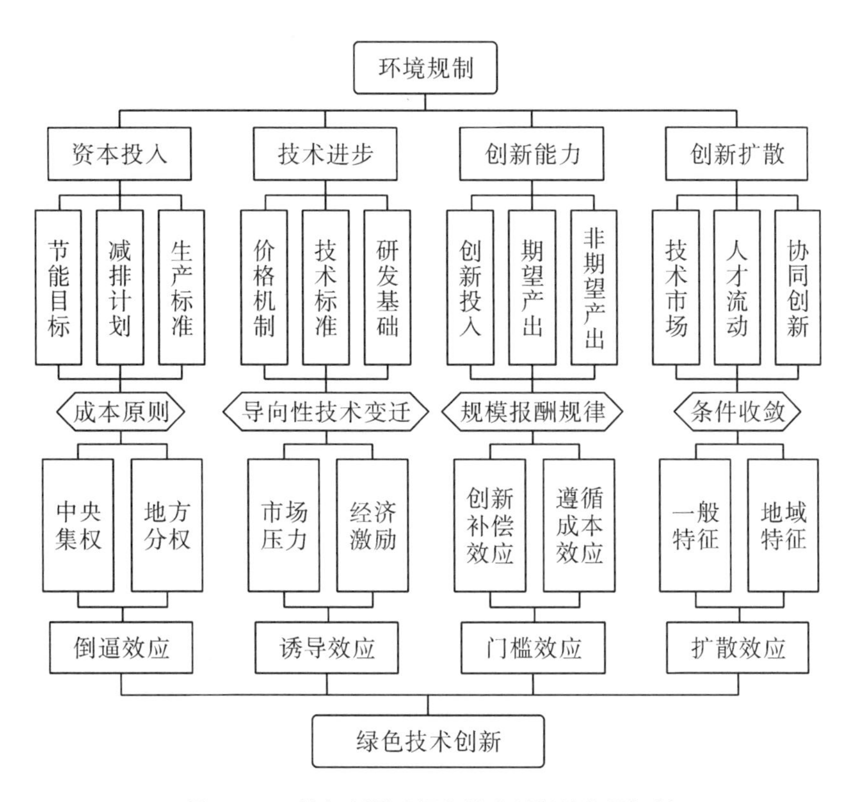

图 2-1　环境规制影响绿色技术创新的作用机制

管理者环境认知影响了创新资本投入从而影响环境规制对绿色技术创新的作用。技术创新是在持续的资本投入基础上才得以发生的，资本是各种技术创新的最主要约束条件，而管理者环境认知直接影响了绿色技术创新的资本投入。环境规制往往包含减排计划、节能目标、生产标准等一系列内容，这都有可能导致短期内绿色技术创新产生挤出效应。但管理者的环境认知会使其在追求企业短期利润和长期收益之间做出一个平衡，环境认知的不同，其对这个平衡点的选择也不同，进而会采取不同的策略组合。环境规制是金融约束之外另一个重要的外部约束，会使企业找到最直接有效的合规路径。Jaffe 等（1997）的研究就表明在企业总投资增加的情况下选择性创新是企业合规的普遍选择，环境规制会迫使企业增加绿色技术创新的投入，但具体增加的规模则受到多种内外部因素的影响，管理者环境认知就是其中的重要因素。

管理者环境认知通过影响技术进步调节环境规制对绿色技术创新的作

用。无论何种技术进步都会受到价格、供需和路径的影响。绿色技术也会受到更高的价格、更大市场需求和可行性更高不确定性更低路径的影响。而管理者环境认知则深刻影响了企业绿色技术创新的路径依赖程度，不同管理者环境认知下绿色技术创新的容错程度、与传统技术的重叠程度、技术的跨越性和延续性都会产生极大的影响，尤其是中国企业的技术部门受管理者环境认知影响程度很大，决定了企业的技术发展路径和速度。环境规制通过价格诱导、市场需求等影响非绿色技术的市场环境，诱导技术进步，在管理者环境认知的影响下产生不同程度的市场压力和经济激励进而作用于绿色技术创新。

管理者环境认知通过影响创新能力调节环境规制对绿色技术创新的作用。绿色技术创新需要具备技术创新能力，而在企业运营发展的过程中创新能力的储备也是动态的，创新能力受到管理者环境认知的影响。管理者对于创新的投入、期望与非期望产出的综合考虑都是基于投入产出视角的，环境规制通过创新补偿激发企业的绿色技术创新来降低成本，而且绿色技术创新也存在显著的规模报酬规律，尽管在绿色技术创新的基础效应下，创新能力和投入之间仍存在普遍的规模报酬规律。当小规模的创新投入尚未与技术进步形成正面促进关系时，拥有较高管理者环境认知的企业更倾向于持续进行投资，而管理者环境认知也决定了其后资本投入边际效率递减阶段创新能力的持续储备。因此管理者环境认知通过影响不同阶段企业的创新能力调节了环境规制对绿色技术创新的作用，帮助环境规制下绿色技术创新克服创新能力的门槛效应。

管理者环境认知通过影响绿色技术创新扩散调节环境规制对绿色技术创新的影响。企业不同技术之间存在显著的溢出和扩散作用，企业技术投入、人才的调配都会使不同技术之间存在差异，而技术之间的扩散和溢出会降低绿色技术创新的成本。环境规制会迫使企业组织内部、企业间和地区间技术扩散更快速地发生，不同管理者对于技术转移、技术交流、技术路径选择的不同认知导致了企业对企业绿色技术人才的保护与引进、分工与协调方式做出不同的决策，同时对于企业间的协调绿色技术创新以及攻关，管理者环境认知更是起到决定性作用，虽然区域间绿色技术创新表现为条件收敛，环境规制会帮助绿色技术扩散减小区域间技术差异，但管理者环境认知会决定技术扩散的路径、速度和规模，并以此调节环境规制对绿色技术创新的影响。

2.4 本章小结

本章首先对环境规制、绿色科技创新、管理者环境认识三个核心概念进行阐释，并介绍了其影响或测度。其次，对外部性理论、波特假说、制度理论、利益相关者理论、前景理论、代理理论，即本书的基本理论框架进行了简述。在此基础上，还深入探讨了环境规制对绿色技术创新影响的强度和方式，并审视了管理者的环境认知如何影响绿色技术创新，以及它在环境规制与绿色技术创新关系中的调节作用。

3 协同博弈下管理者环境认知对绿色技术创新的影响研究

3.1 绿色技术创新协同机理研究

3.1.1 绿色技术创新协同主体分析

绿色技术创新协同主体一般包括多个主体部门，各主体之间的利益差异导致协同发展状态受到很大的影响，甚至一些利益之间的冲突会迫使主体进行干预，这种干预行为甚至决定了事件的发展走向。主体部门干预协同过程的程度也代表了系统绿色技术创新能力的高低。主体采取的绿色技术创新行为，决定了主体在系统中的利益角色和功能定位。明确绿色技术创新协同的主体、角色以及功能定位等内容，是发挥绿色技术创新协同机制的前提和保障。

（1）中央政府及相关职能部门

中央政府及相关职能部门扮演着统筹全局的主体角色。这一主体主要代表国家和人民的利益，所以在整个绿色技术创新主体中，是具有明确方向且多元目标的指挥主体，它在绿色技术创新方案的制定方面具有决定性权利，也是方案和制度的制定主体，更是绿色技术创新活动开展后的评价者。该主体负责对所有绿色技术创新工作进行指挥部署，绿色技术创新活动以及方案的决策也由中央政府及相关职能部门负责，其他主体的利益以及干预行为都会受到这一主体的监督和指导。

（2）地方政府及相关职能部门

这一类主体主要包括地方性质的政府部门以及中央相关部门的一些下

设机构等。该类主体的利益主要是以所在区域人民的利益为主，绿色技术创新目的是保障所在区域内的群众利益，主体的利益更具有区域性和经济性的特点。该类主体在绿色技术创新协同系统中主要扮演着三类角色。首先，作为绿色技术创新一线的主体，在中央及相关部门下达指示要求后，要按照指示严格落实，并且需要结合地方的实际情况，结合现有的地方资源，完成中央及相关上级部门部署的任务。其次，它也是地方级绿色技术创新工作处理的指导决策者，和中央及相关职能部门一样，负责对绿色技术创新活动方案的制定等工作，对参与绿色技术创新工作的其他地区级主体进行有效监督指导。最后，地方政府及相关部门会受到来自其他主体以及绿色技术创新工作的压力，各方都会特别关注地方及相关职能部门绿色技术创新工作的落实和部署。

（3）企业管理者

由于绿色技术创新活动中，需要一些企业配合，为了将模型简化且增强直观性，本书将这些企业作为同一类型，统称为相关企业。相关企业的根本目的是追求经济利益，在整个绿色技术创新协同系统中相关企业作为主体，根本目的是保持较好的市场发展环境，尽可能减少企业的损失，尽快投入正常的生产经营活动中。在角色定位中，相关企业是绿色技术创新的输出方和供给方，拥有绿色技术创新处理需要的技术和人才保障。尤其是国有企业，在整个绿色技术创新系统中，基本都是绿色技术创新活动的一线工作主体，是中央、地方政府及相关职能部门进行绿色技术创新管理的主要实践单位。

3.1.2 管理者认知协同路径分析

作为绿色技术创新协同系统中最为关键的主体之一，管理者在绿色技术创新管理工作的实施中也扮演了重要的角色。该主体需要满足绿色技术创新工作进度要求。相关部门要重点对企业进行关注和监督，在满足绿色技术创新生产条件的基础上，利用现代互联网通信以及数据技术，加强各部门的沟通，能够真正将资源进行统筹安排，尽可能地减少绿色技术创新成本的支出，提高绿色技术创新工作的整体效率。

根据绿色创新理论，管理者出于对环境的认知，会在权衡企业经济效益与环境保护之间关系的基础上，推动企业进行绿色创新，以实现可持续发展。众多企业已经对绿色创新能够增强其绿色竞争力予以了认可，并已实施相关策略，取得了经济上的成效。因此，企业实施绿色创新不仅能够实现经济目标，还能带来环境上的好处。企业如果意识到绿色创新对各方利益相关者的重要性，会更倾向于采取相关行动。企业高管在感受到环境变化的紧迫性时，可能会加大创新力度以减轻压力；而在环境稳定的情况下，他们也可能会因抓住机遇而提高绿色创新能力。此外，企业的环境伦理观念也会影响其绿色创新，进而影响竞争优势。

3.1.3 主体利益关系分析

由于绿色技术创新协同主体呈现多元化的特点趋势，主体之间的利益存在很大差异，所以想要协调各主体的利益较难，需要多个主体合作协同才能够达到相对的平衡。在满足主体利益的前提下，主体在绿色技术创新工作中的主动性也会提高。在前文对三个主要主体角色的阐述分析的基础上，结合文献理论可以将主体的利益诉求大致总结为三个方面，为确保各主体的利益呈现得更为直观，本小节将三大主体利益的诉求、目标等内容以表格的方式绘制出来，具体如表 3-1 所示。

表 3-1 利益相关者利益诉求及利益目标

利益相关者	利益诉求	利益目标
中央政府	维护国家利益、全局利益	促进经济高质量发展
地方政府	维护区域发展	维护地方经济和社会平稳发展，实现地方利益最大化
相关企业	实现企业自身利益最大化	实现企业利益最大化

由表 3-1 内容可以了解到，三个主体均具有不同的利益和诉求，中央政府的利益诉求是维护国家利益和全局利益，地方则以地方人民的利益为主，相关企业主要的利益诉求是企业自身的经营和发展。

企业的切身利益和自身的经营具有直接关系，因此为了维持长远的发展计划，必须注重经济效益。然而作为绿色技术创新工作的主体之一，相关企业在绿色技术创新工作的前线，不论是投入的人力和物力都是耗费成本的支出，并且一些涉及垄断的资源，相关企业承担的责任更大，不仅关乎自身经济发展的持久性，还涉及社会稳定和安全等，会对其自身发展造成影响。

采取的绿色技术创新措施中，限制工业需求和加大物资供应本身就和相关企业的利益产生了冲突，在绿色技术创新措施落实后，会给相关企业造成不小的经济损失，而这种损失只能由企业自行承担。由于工业需求的限制，企业的订单不能够按时完成，这样的生产结果造成损失是必然的。当前中国并没有解决这种冲突的有效机制，绿色技术创新工作由于这些冲突也会产生一定的阻碍，很难找到政府和相关企业的利益平衡点。

绿色技术创新工作的主体之间存在各种利益关系，既有共同利益也存在冲突利益，其中冲突利益是影响绿色技术创新主体协同的主要因素，如果不能平衡各方主体利益，各主体会因为利益的问题难以达成一致。基于博弈论的角度来看，地方政府也是追求利益的个体，目的是获取地方的社会效益和经济效益，为了维护中心利益而可能对绿色技术创新工作进行消极的处理。职能部门因为效率问题，难以和政府等主体实现协同，同样也不能够全身心投入绿色技术创新工作中。相关企业追求的利益较为单一，主要是经济效益，在没有得到经济发展保障的情况下，相关企业难以对绿色技术创新工作产生较强的积极性，各主体由于各自的利益，会出现推诿责任、各自为政等现象。

3.2 模型构建

3.2.1 模型基本假设

在我国，中央政府、地方政府、相关企业特别是国有企业之间的协同合作是绿色技术创新中的主要表现形式，地方政府和相关企业直接参与绿色技术创新，中央政府发挥重要的监督和指导作用。在应对绿色技术创新的处置工作中，地方政府和国有企业明确各自的义务，中央政府对地方政府处置工作进行考核和评价，作为后续工作总结的依据。基于此，本书给出如下假设：

（1）参与主体。在应对绿色技术创新的处置工作中，一共有三类参与主体，分别是中央政府（CG）、地方政府（LG）和相关企业（RE）。中央政府主要负责监督地方政府和相关中央企业的绿色技术创新处置工作，对绿色技术创新进行指导落实；地方政府主要负责绿色技术创新，是绿色技术创新管理中的主体，对地方国有企业进行指导；中央企业和地方企业主要负责绿色技术创新顶层设计。

（2）合作策略。在绿色技术创新中，中央政府监督地方政府的绿色技术创新处置工作，设定具体的考核标准，如效率、效果等，根据地方政府处置工作情况进行奖励或者处罚，其策略集合为（奖励、处罚）；地方政府根据绿色技术创新事件的进展，在考虑地方政府经济效益和社会效益的情况下，其策略集合为（协同、不协同）；相关企业也会考虑自身的经济利益，国有企业负责人也会考虑个人政绩的影响，按照企业自身需要进行选择，其策略集合为（协同、不协同）。

（3）合作成本。中央政府虽然不会直接参与绿色技术创新的处置，但是会监督地方政府和中央企业的处置效果，也会提供处置指导，产生的总成本为 G_1；地方政府和相关企业作为绿色技术创新的直接参与主体，必然会投入一定的人力、物力和财力，产生的总成本为 C ，当地方政府选择协同时，地方政府会积极配合中央政府的指导，也会积极指导相关企业进行绿色技术创新，会使投入的总成本 C 降低，减少的成本量用 S 表示。此时绿色技术创新中地方政府和相关企业所付的总成本为 $C - S$ ，假设地方政府和相关企业的成本分摊系数为 t，则地方政府多支付的成本为 tC 或者 $t(C - S)$ ，相关企业所支付的成本为 $(1 - t)C$ 或者 $(1 - t)(C - S)$ 。

（4）合作收益。当我们用 R_1 代表政府在绿色技术创新协作中获得的收益，用 b 来表示政府在协作情况下收益的非协作比例，那么政府在非协作状态下获得的收益即 bR_1，其中 b 的数值介于 0 到 1 之间。R_2 和 R_3 则分别表示地方政府和相关企业在绿色技术创新之前的初始收益。在政府、地方政府和相关企业协同进行绿色技术创新的情况下，地方政府和相关企业可能获得的额外收益或遭受的损失分别用 R 来表示，其比例分别为 a 和（$1-a$）。这意味着，在协同创新中，地方政府所获得的收益或损失为 aR_1，而相关企业所获得的收益或损失为（$1-a$）R_1。当只有地方政府参与协同而相关企业不参与时，地方政府所获得的收益或损失记为 L_1。相反，如果只有相关企业协同而地方政府不参与，那么相关企业所获得的收益或损失为 L_2。此外，政府还可能向地方政府和相关企业提供资金支持，这部分支持金额记为 G_2。

（5）惩罚损失。在中央政府的监督下，为避免地方政府和相关企业在处置突发损失的消极行为，当地方政府选择协同而相关企业没有进行协同时，相关企业需要受到地方政府的惩罚，记为 W ；当相关企业进行协同而地方政府没有进行协同时，地方政府会受到中央政府的惩罚，记为 K 。

3.2.2 支付矩阵构建

在进行绿色技术创新时，中央政府、地方政府和相关企业会根据自身利益进行策略选择。假设中央政府、地方政府和相关企业参与协同的概率分别为 x、y、z，不参与协同的概率分别为 $1-x$、$1-y$、$1-z$，x、y、$z \in [0, 1]$。根据以上参与主体、合作策略、合作成本、合作收益和惩罚损失的五点假设，得到绿色技术创新下中央政府、地方政府和相关企业的协同博弈支付矩阵如表 3-2 和表 3-3 所示。

表 3-2　绿色技术创新协同下博弈支付结果

<table>
<tr><td colspan="2" rowspan="2">博弈方及策略选择</td><td colspan="2">相关企业</td></tr>
<tr><td>协同 z</td><td>不协同 $1-z$</td></tr>
<tr><td rowspan="6">地方政府</td><td rowspan="3">协同 y</td><td>$R_1 - G_1 - G_2$</td><td>$R_1 - G_1$</td></tr>
<tr><td>$R_2 + \alpha R - t(C - S)$</td><td>$R_2 + W - t(C - S)$</td></tr>
<tr><td>$R_3 + (1-\alpha) R - (1-t)(C - S) + G_2$</td><td>$R_3 - W + L_2$</td></tr>
<tr><td rowspan="3">不协同 $1-y$</td><td>$R_1 - G_1 - G_2$</td><td>$R_1 - G_1$</td></tr>
<tr><td>$R_2 + L_1 - K$</td><td>R_2</td></tr>
<tr><td>$R_3 - (1-t)(C - S) + K + G_2$</td><td>$R_3$</td></tr>
</table>

表 3-3　绿色技术创新不协同下博弈支付结果

<table>
<tr><td colspan="2" rowspan="2">博弈方及策略选择</td><td colspan="2">相关企业</td></tr>
<tr><td>协同 z</td><td>不协同 $1-z$</td></tr>
<tr><td rowspan="6">地方政府</td><td rowspan="3">协同 y</td><td>bR_1</td><td>bR_1</td></tr>
<tr><td>$R_2 + \alpha R - tC$</td><td>$R_2 + W - tC$</td></tr>
<tr><td>$R_3 + (1-\alpha) R - (1-t) C$</td><td>$R_3 - W + L_2$</td></tr>
<tr><td rowspan="3">不协同 $1-y$</td><td>bR_1</td><td>bR_1</td></tr>
<tr><td>$R_2 + L_1 - K$</td><td>R_2</td></tr>
<tr><td>$R_3 - (1-t) C + K$</td><td>R_3</td></tr>
</table>

3.3 模型求解

3.3.1 收益期望函数构建

由表3-2和表3-3可知，在企业管理者环境认知水平较高时，中央政府、地方政府和企业进行协同，中央政府的期望收益为 U_{cg1}，在不协同时期望收益为 U_{cg2}，平均期望收益为 U_{cg}，有以下公式：

$$U_{cg1} = yz(R_1 - G_1 - G_2) + y(1 - z)(R_1 - G_1) + (1 - y)z(R_1 - G_1 - G_2) + (1 - y)(1 - z)(R_1 - G_1) \quad (3.1)$$

$$U_{cg2} = yzbR_1 + y(1 - z)bR_1 + (1 - y)zbR_1 + (1 - y)(1 - z)bR_1 \quad (3.2)$$

$$\overline{U_{cg}} = xU_{cg1} + (1 - x)U_{cg2} \quad (3.3)$$

在企业管理者环境认知水平较高时，中央政府、地方政府和企业进行协同，地方政府的期望收益为 U_{lg1}，在不协同时期望收益为 U_{lg2}，平均期望收益为 U_{lg}，有以下公式：

$$Ulg1 = zx[R2 + \alpha R - t(C - S)] + (1 - z)x[R2 - t(C - S)] + W] + z(1 - x)(R2 + \alpha R - tC) + (1 - z)(1 - x)(R2 - tC + W) \quad (3.4)$$

$$Ulg2 = zx(R2 + L1 - K) + (1 - z)xR2 + z(1 - x)(R2 + L1 - K) + (1 - z)(1 - x)R2 \quad (3.5)$$

$$\overline{U_{lg}} = \mathrm{y}U_{lg1} + (1 - y)U_{lg2} \quad (3.6)$$

在企业管理者环境认知水平较高时，中央政府、地方政府和企业进行协同，相关企业的期望收益为 U_{e1}，在不协同时期望收益为 U_{e2}，平均期望收益为 U_e，有以下公式：

$$U_{e1} = xy[R_3 + (1 - \alpha)R - (1 - t)(C - S) + G_2] + (1 - z)x[R_2 - t(C - S) + W] + x(1 - y)(R_3 - (1 - t)(C - S) + K + G_2) + (1 - x)y(R_3 + (1 - \alpha)R - (1 - t)C) + (1 - x)(1 - y)(R_3 + K - (1 - t)C) \quad (3.7)$$

$$U_{e2} = xy(R_3 + L_2 - W) + x(1 - y)R_3 + (1 - x)y(R_3 + L_2 - W) + (1 - x)(1 - y)R_3 \quad (3.8)$$

$$\bar{U}_e = zU_{e1} + (1-z)\ U_{e2} \tag{3.9}$$

3.3.2 演化稳定策略求解

通过收益期望函数的求解，可以得到中央政府的复制动态方程为

$$F(x)=\frac{dx}{dt}=x(U_{cg1}-\bar{U}_{cg})=x(1-x)\begin{bmatrix} yz[(1-b)R_1-G_1-G_2)+y(1-z) \\ ((1-b)R_1-G_1) \\ +(1-y)z((1-b)R_1-G_1-G_2) \\ +(1-y)(1-z)((1-b)R_1-G_1] \end{bmatrix}$$

$$=x(1-x)[(1-b)R_1-G_1-zG_2] \tag{3.10}$$

通过收益期望函数的求解，可以得到地方政府的复制动态方程为

$$F(y)=\frac{dy}{dt}=y(U_{lg1}-\bar{U}_{lg})=y(1-y)\begin{Bmatrix} xz[\alpha R-t(C-S)-L_1+K]+x(1-z) \\ [W-t(C-S)]+ \\ (1-x)z(\alpha R-tC+K-L_1) \\ +(1-x)(1-z)(W-tC) \end{Bmatrix}$$

$$=y(1-y)[xtS-tC+z(\alpha R+K-L_1-W)+W]$$

通过收益期望函数的求解，可以得到相关企业的复制动态方程为

$$F(z)=\frac{dz}{dt}=z(U_{e1}-\bar{U}_e)=z(1-z)\begin{Bmatrix} xy[(1-\alpha)R-(1-t)(C-S)+G_2-L_2+W]+ \\ x(1-y)[K+G_2-(1-t)(C-S)]+(1-x) \\ y((1-\alpha)R-(1-t)C+W-L_2) \\ +(1-x)(1-y)(K-(1-t)C) \end{Bmatrix}$$

$$=z(1-z)\{x[(1-t)S+G_2]+y[(1-\alpha)R+W-L_2-K]+K-(1-t)C\} \tag{3.11}$$

将以上公式联立求解，可以得到中央政府、地方政府和相关企业的复制动力系统为

$$\begin{cases} F(x)=x(1-x)[(1-b)R_1-G_1-zG_2] \\ F(y)=y(1-y)[xtS-tC+z(\alpha R+K-L_1-W)+W] \\ F(z)=z(1-z)\{x[(1-t)S+G_2]+y[(1-\alpha)R+W-L_2-K]+K-(1-t)C\} \end{cases} \tag{3.12}$$

根据 Friedman 关于微分方程的系统分析以及对系统的雅克比矩阵的局

部稳定分析，可以得到微分方程的系统演化稳定策略，则该系统的雅克比矩阵为

$$
\boldsymbol{J}=\begin{bmatrix}
(1-2x)\left[\left(\begin{matrix}1-bR_1\\ -G_1-zG_2\end{matrix}\right)\right] & 0 & -x(1-x)G_2 \\
y(1-y)tS & (1-2y)\begin{bmatrix}xtS-tC+\\ z\left(\begin{matrix}\alpha R+K\\ -L_1-W\end{matrix}\right)\\ +W\end{bmatrix} & \begin{matrix}y(1-y)\\ (\alpha R+K-L_1-W)\end{matrix} \\
z(1-z)\begin{bmatrix}(1-t)S\\ +G_2\end{bmatrix} & z(1-z)\begin{bmatrix}(1-\alpha)R+\\ W-L_2-K\end{bmatrix} & (1-2z)\left\{\begin{matrix}x[(1-t)S+G_2]\\ +y\begin{bmatrix}(1-\alpha)R\\ +W-L_2-K\end{bmatrix}\\ +K-(1-t)C\end{matrix}\right\}
\end{bmatrix}
\tag{3.13}
$$

在微分方程系统中，令 $F(x)=F(y)=F(z)=0$，可以得到局部均衡点为 $E1$（0，0，0），$E2$（0，0，1），$E3$（0，1，0），$E4$（0，1，1），$E5$（1，0，0），$E6$（1，0，1），$E7$（1，1，0），$E8$（1，1，1）。根据演化博弈理论，当雅克比矩阵的所有特征值均为非正时，对应的均衡点即被视为系统的演化稳定点。

3.3.3 均衡点稳定性分析

以均衡点 $E1(0,0,0)$ 为例，此时的雅克比矩阵为

$$
J_1=\begin{bmatrix}
(1-b)R_1-G_1 & 0 & 0 \\
0 & -tC+W & 0 \\
0 & 0 & 0 \\
K-(1-t)C & 0 & 0
\end{bmatrix}
\tag{3.14}
$$

由此可以得出，雅克比矩阵的特征值为 $\lambda_1=(1-b)R_1-G_1$；$\lambda_2=-tC+W$；$\lambda_3=K-(1-t)C$。其他 8 个均衡点的雅克比矩阵特征值如表 3-4 所示。

表 3-4 不同均衡点下的特征值

均衡点	特征值 $\lambda 1$	特征值 $\lambda 2$	特征值 $\lambda 3$
E_1（0，0，0）	$\lambda_1=(1-b)R_1-G_1$	$\lambda_2=-tC+W$	$\lambda_3=K-(1-t)C$
E_2（0，0，1）	$\lambda_1=(1-b)R_1-G_1-G_2$	$\lambda_2=\alpha R+K-L_1-tC$	$\lambda_3=-[K-(1-t)C]$
E_3（0，1，0）	$\lambda_1=(1-b)R_1-G_1$	$\lambda_2=-(-tC+W)$	$\lambda_3=(1-\alpha)R+W-L_2-(1-t)C$
E_4（0，1，1）	$\lambda_1=(1-b)R_1-G_1-G_2$	$\lambda_2=-(\alpha R+K-L_1-tC)$	$\lambda_3=-[(1-\alpha)R+W-L_2-(1-t)C]$
E_5（1，0，0）	$\lambda_1=-[(1-b)R_1-G_1]$	$\lambda_2=-t(C-S)+W$	$\lambda_3=G_2-(1-t)(C-S)+K$
E_6（1，0，1）	$\lambda_1=-[(1-b)R_1-G_1-G_2]$	$\lambda_2=\alpha R+K-L_1-t(C-S)$	$\lambda_3=-[G_2-(1-t)(C-S)+K]$
E_7（1，1，0）	$\lambda_1=-[(1-b)R_1-G_1]$	$\lambda_2=-[-t(C-S)+W]$	$\lambda_3=(1-\alpha)R+W-L_2-(1-t)(C-S)$
E_8（1，1，1）	$\lambda_1=-[(1-b)R_1-G_1-G_2]$	$\lambda_2=-[\alpha R+K-L_1-t(C-S)]$	$\lambda_3=-[(1-\alpha)R+W-L_2-(1-t)(C-S)]$

选择不同情形对不同均衡点所对应的特征值进行分析，假设 $(1-b)R_1-G_1-G_2>0$，$\alpha R+K-L_1-tC>0$，$(1-\alpha)R+W-L_2-(1-t)C>0$ 时，表明中央政府、地方政府和相关企业绿色技术创新协同所带来的总效益大于不协同的效益。由于参数较多并且较为复杂，分三种情形对企业、地方政府和中央政府的绿色技术创新的演化博弈稳定策略进行讨论。

情形 1：当 $G_2+K-(1-t)(C-S)<0$ 并且 $W-t(C-S)<0$ 时，即企业选择绿色技术创新不协同对地方政府的惩罚与中央政府对地方政府的资金支持之和小于地方政府参与协同所付出的成本。此时，均衡点（1，0，0）和（1，1，1）所对应的雅克比矩阵的特征值都是负的，系统存在两个稳定点，分别为（1，0，0）和（1，1，1），对应的博弈演化策略为（参与，不协同，不协同）和（参与，协同，协同）。

情形 2：当 $K-(1-t)C>0$ 并且 $W-tC>0$ 时，即企业选择绿色技术创新不协同对地方政府的惩罚大于地方政府不参与协同所付出的成本。此时，均衡点（1，1，1）所对应的雅克比矩阵的特征值都是负的，系统存在一个稳定点，为（1，1，1），对应的博弈演化策略为（参与，协同，协同）。

情形 3：当 $G_2+K-(1-t)(C-S)>0$ 并且 $K-(1-t)C<0$ 或者 $W-t(C-S)<0$ 并且 $W-tC<0$ 时，即企业选择绿色技术创新不协同对地方政府的惩罚与中央政府对地方政府的资金之和大于地方政府参与协同所付出的成本。此时，均衡点（1，1，1）所对应的雅克比矩阵的特征值都是负的，系统存在一个稳定点，为（1，1，1），对应的博弈演化策略为（参与，协同，协同）。

上述情形均衡点局部稳定性分析结果如表 3-5 所示。

表 3-5　各均衡点局部稳定性分析结果

均衡点		(0,0,0)	(0,0,1)	(0,1,0)	(0,1,1)	(1,0,0)	(1,0,1)	(1,1,0)	(1,1,1)
情形 1	λ_1	+	+	+	+	−	−	−	−
	λ_2	−	+	+	−	−	+	+	−
	λ_3	+,−	+,−	+	−	−	+	+	−
	稳定性	非稳定点	鞍点	鞍点	非稳定点	ESS	非稳定点	非稳定点	ESS

表3-5(续)

均衡点		(0,0,0)	(0,0,1)	(0,1,0)	(0,1,1)	(1,0,0)	(1,0,1)	(1,1,0)	(1,1,1)
情形 2	λ_1	+	+	+	+	−	−	−	−
	λ_2	+	+	−	−	+	+	−	−
	λ_3	+	−	+	−	+	−	+	−
	稳定性	鞍点	非稳定点	非稳定点	非稳定点	非稳定点	非稳定点	非稳定点	ESS
情形 3	λ_1	+	+	+	+	−	−	−	−
	λ_2	−	+	+	−	+	+	−	−
	λ_3	−	+	+	−	+	−	+	−
	稳定性	非稳定点	鞍点	鞍点	非稳定点	非稳定点	非稳定点	非稳定点	ESS

3.4 数值模拟

3.4.1 数值假设

假设中央政府监督地方政府的成本 G_1 为 6，地方政府和相关企业投入所产生的总成本 C 为 50，三者协同减少的成本量 S 为 10，地方政府和相关企业的成本分摊系数 t 为 0.5，绿色技术创新协同时中央政府所获得的收益 R_1 为 50，不协同时中央政府所获收益占协同时所获收益的比例 b 为 0.5，收益或者损失的比例 α 也为 0.5。当相关企业不进行协同，只有地方政府协同时，地方政府所获得的收益或者损失 L_1 为 30；当地方政府不进行协同，只有相关企业协同时，相关企业所获得的收益或者损失 L_2 为 40，中央政府会给予地方政府和相关企业的资金支持 G_2 为 10。当地方政府选择协同，而相关企业没有进行协同，相关企业需要受到地方政府的惩罚 W 为 10；当相关企业进行协同，地方政府没有进行协同，地方政府会受到中央政府的惩罚 K 为 20。

通过对以上数据的赋值，本书利用 MATLAB 软件进行仿真，分析不同参与主体的初始意愿、支持力度、惩罚力度等的影响。

3.4.2 初始意愿对协同绿色技术创新演化的影响

(1) 初始意愿同时变化

在其他参数不变的情况下，中央政府、地方政府和相关企业参与协同绿色技术创新同时变化对结果的影响，如图 3-1 所示。

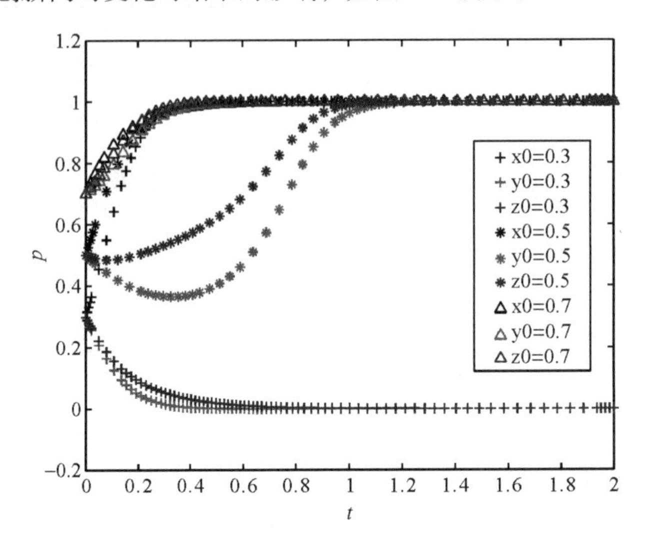

图 3-1　初始意愿同时变化对绿色技术创新演化的影响

由图 3-1 可知，中央政府、地方政府和相关企业初始意愿分别为 0.3、0.5 和 0.7。当初始意愿都为 0.3 时，中央政府收敛于 1，地方政府和相关企业收敛于 0；当初始意愿都为 0.5 或 0.7 时，中央政府、地方政府和相关企业收敛于 1。初始意愿为 0.5 时中央政府收敛速度大于地方政府和相关企业，地方政府收敛速度大于相关企业，初始意愿为 0.7 时三者的收敛速度相同。这表明当地方政府和相关企业初始意愿不强烈时，中央政府发挥主导作用，而地方政府的责任感要大于相关企业。

（2）中央政府初始意愿变化

在其他参数不变的情况下，中央政府参与协同绿色技术创新初始意愿变化对绿色技术创新演化的影响，如图 3-2 所示。

由图 3-2 可知，中央政府的初始意愿分别为 0.3、0.5 和 0.7，地方政府和相关企业的初始意愿都为 0.5。当中央政府初始意愿为 0.3 时，地方政府和相关企业参与绿色技术创新程度降低，地方政府和相关企业收敛于 0；当中央政府初始意愿为 0.7 时，地方政府和相关企业参与绿色技术创新程度升高，地方政府和相关企业收敛于 1，与同为 0.5 相比，参与绿色技术创新速度明显加快。这说明中央政府初始意愿不足时，绿色创新效率的产出会受到极大影响，只有在地方和相关企业初始意愿极高的极端情况下，中央政府初始意愿的不足才可能不影响最终的绿色创新效率。当中央政府初始意愿升高时，即便地方政府和相关企业参与绿色技术创新的意愿一般，最终参与绿色技术创新程度也会升高，这说明中央政府的初始意愿是决定性的因素。

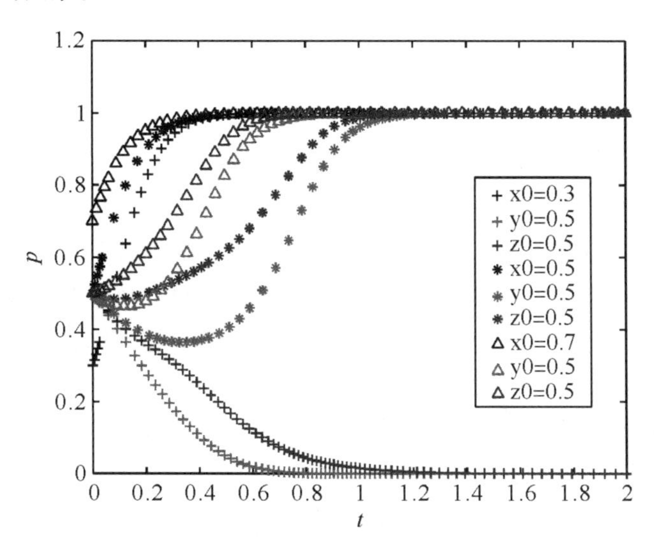

图 3-2 中央政府初始意愿变化对绿色技术创新演化的影响

（3）地方政府初始意愿变化

在其他参数不变的情况下，地方政府参与协同绿色技术创新的初始意愿变化对绿色技术创新演化的影响，如图 3-3 所示。

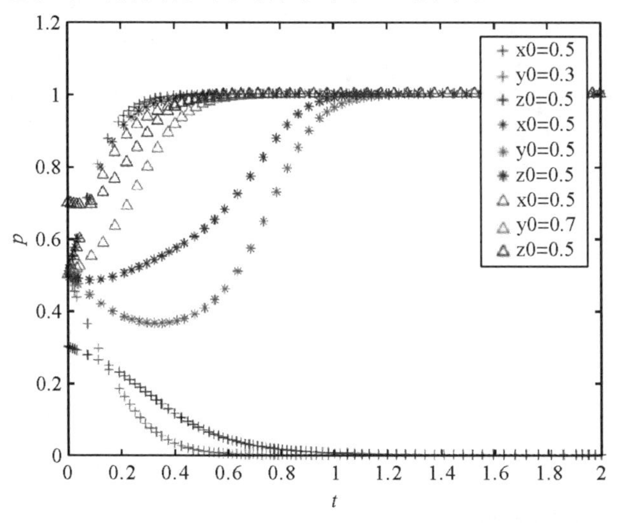

图 3-3 地方政府初始意愿变化对绿色技术创新演化的影响

由图 3-3 可知，地方政府的初始意愿分别为 0.3、0.5 和 0.7，中央政府和相关企业的初始意愿都为 0.5。当地方政府初始意愿为 0.3 时，相关企业参与绿色技术创新程度受地方政府的影响，参与程度降低，地方政府和相关企业收敛于 0；当地方政府初始意愿为 0.7 时，地方政府和相关企业参与绿色技术创新程度升高，地方政府参与速度明显加快，相关企业参与速度也明显加快，收敛于 1。这一结果说明，在中央政府意愿适中及以上的情况下，地方政府的初始意愿决定了最终绿色技术创新程度，这一情景对应的实际情况就是中央高度重视环保，同时又以 GDP 为首要指标对地方政府进行考核的情况。在中央政府既要经济发展又要环境保护的双重要求下，环保和经济的平衡实际上就由地方政府制订具体经济计划和环境规制来落实，此时地方政府若没有足够强烈的初始意愿，绿色技术创新就会严重不足，而当地方政府初始意愿较高（大于 0.5）时就会促使相关企业加大绿色技术创新投入，最终获得较好的绿色技术创新效果。

（4）相关企业初始意愿变化

在其他参数不变的情况下，相关企业参与协同绿色技术创新的初始意愿变化对绿色技术创新演化的影响，如图 3-4 所示。

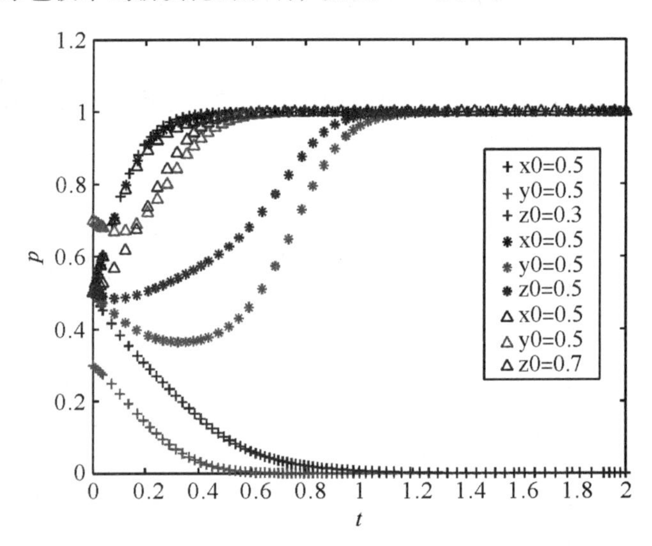

图 3-4　相关企业初始意愿变化对绿色技术创新演化的影响

由图 3-4 可知，相关企业的初始意愿分别为 0.3、0.5 和 0.7，中央政府和地方政府的初始意愿都为 0.5。当相关企业初始意愿为 0.3 时，相关企业参与绿色技术创新程度降低，中央政府和地方政府基本不受影响，中央政府收敛于1，地方政府收敛于0；当相关企业初始意愿为0.7时，相关企业参与速度明显提高，收敛于1，中央政府和地方政府参与绿色技术创新程度不变。这表明中央政府和地方政府与相关企业定位不同，其参与绿色技术创新协同基本不受相关企业的影响。作为绿色技术创新的核心主体，企业初始意愿低的影响会在短期内直接作用于绿色技术创新，但中央和地方政府都不会因为其意愿受到直接影响，但当其初始意愿较强时，配合中央及地方政策整体的绿色技术创新程度会显著提升。可以看出，中央政府推动绿色技术创新的意愿对整体企业绿色创新起到了决定性作用；地方政府作为多数环境规制的颁布与执行者，决定了绝大多数绿色技术创新补贴政策以及环境规制执行强度和方式；企业作为绿色技术创新的具体实施者，其初始意愿受政府意愿左右，如果和政府意愿背离则不会有较高绿色技术创新产出，如果和政府意愿一致则会强化绿色技术创新政策效果。

3.4.3 支持力度对协同绿色技术创新演化的影响

中央政府对地方政府和相关企业的支持主要表现在两个方面，一方面是资金支持，通过拨付相关资金进行物资采购、人员安置等，另一方面是政策支持，比如税收减免等。图3-5是各主体初始意愿都为0.3的情况下，中央政府对地方政府和相关企业支持进行的模拟仿真。图3-6是各主体初始意愿都为0.5的情况下，中央政府对地方政府和相关企业支持进行的模拟仿真。

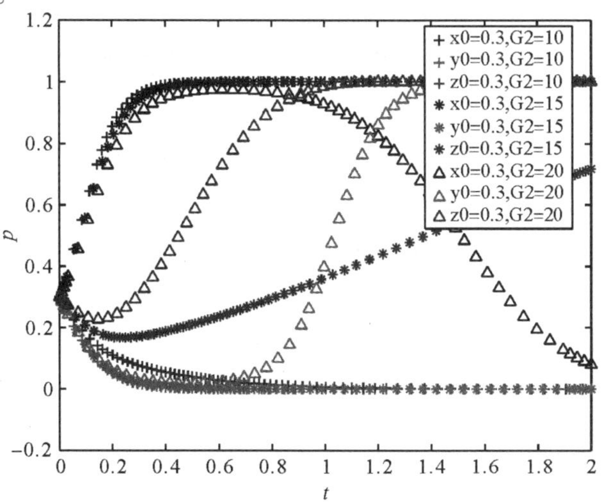

图3-5 初始意愿为0.3时，不同政策支持对绿色技术创新演化的影响

如图 3-5 所示，中央政府、地方政府和相关企业参与意愿假设为较低水平，当中央政府支持为 10 时，此时中央政府的支持政策并没有对地方政府和相关企业起到激励作用，地方政府和相关企业收敛于 0；当中央政府支持为 15 时，此时中央政府的支持政策对地方政府起到了激励作用，只是速度较慢，在时间为 2 时仍没有收敛于 1；当中央政府支持为 20 时，此时的地方政府和相关企业受到较大的激励，收敛于 1，但是由于中央政府支持力度过大，其慢慢收敛于 0。因此在整体绿色技术创新参与意愿较低的情况下，中央政府的支持在很大一个区间范围内无法得到有效正反馈，投入绿色技术创新的相应资源回报率也会很低。只有当中央政府支持极大时，激励政策才会缓慢地作用于绿色技术创新，这个极大力度的支持也会导致资源的扭曲与错配，从而对绿色技术创新产生负面影响。

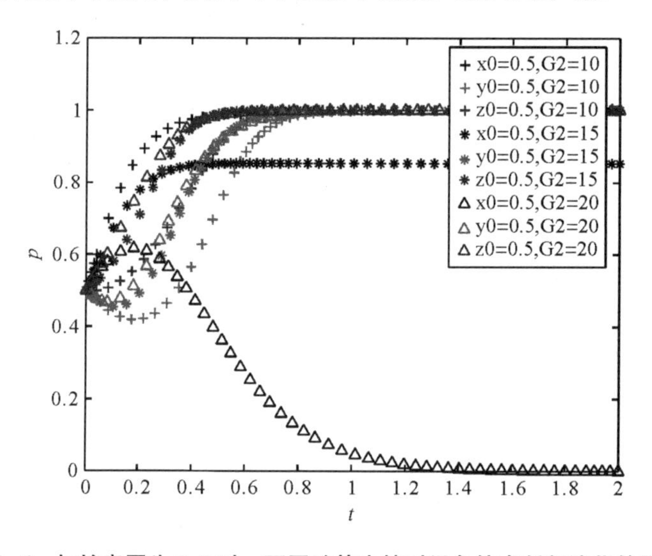

图 3-6　初始意愿为 0.5 时，不同政策支持对绿色技术创新演化的影响

如图 3-6 所示，中央政府、地方政府和相关企业参与意愿假设为中等水平，当中央政府支持为 10、15 和 20 时，此时中央政府的支持政策会对地方政府和相关企业起到激励作用，地方政府和相关企业收敛于 1；但是由于中央政府支持力度过大，其慢慢收敛于 0。中央政府的支持力度越大，地方和相关企业会受到更大的激励从而投入绿色技术创新，但过大的支持力度不会起到更好的效果，这个支持反映在政策上应该是过于激进的奖励机制会带来资源的过度集中以及全局效率的降低，都会降低中央政府支持对绿色技术创新的效果。结合前述结果可知，只有在初始参与意愿不低

（大于 0.3）的情况下，中央政府的支持力度才有可能在较大范围内对绿色技术创新起到正面的激励作用，无论各方参与意愿如何中央政府过低或者过高的支持力度都会对绿色技术创新产生负面影响。

3.4.4 惩罚力度对协同绿色技术创新演化的影响

中央政府对地方政府和相关企业的惩罚主要表现在干部任命方面，即通过人事调整进行处罚。图 3-7 是各主体初始意愿都为 0.3 的情况下，中央政府对地方政府和相关企业惩罚进行的模拟仿真。图 3-8 是各主体初始意愿都为 0.5 的情况下，中央政府对地方政府和相关企业惩罚进行的模拟仿真。

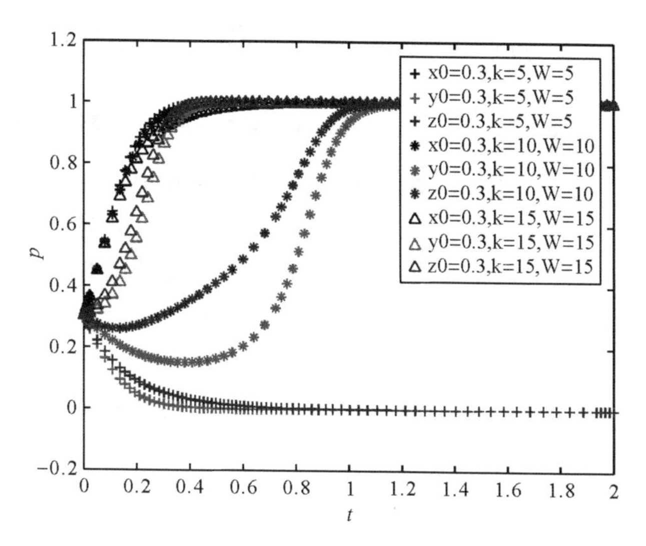

图 3-7 初始意愿为 0.3 时，不同惩罚力度对绿色技术创新演化的影响

从图 3-8 可以看出，中央政府、地方政府和相关企业参与意愿假设为较低水平，当中央政府支持为 5 时，此时中央政府的惩罚力度并没有对地方政府和相关企业起到作用，地方政府和相关企业收敛于 0；当中央政府惩罚力度为 15 和 20 时，此时的中央政府的支持政策对地方政府起到了惩戒作用，地方政府和相关企业收敛于 1。中央政府的惩罚举措对于绿色技术创新是一个辅助手段，在整体意愿较低的情况下弱的惩罚力度无法对绿色技术创新起到积极作用，当惩罚力度逐渐增强对绿色技术创新的促进作用才会逐渐显现。

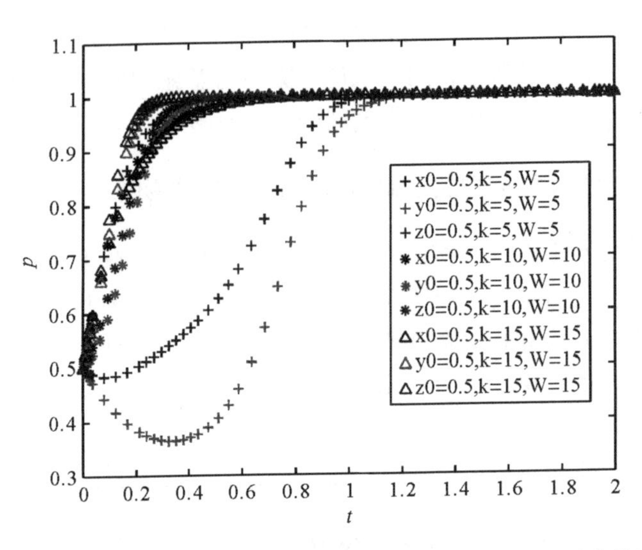

图 3-8　初始意愿为 0.5 时，不同惩罚力度对绿色技术创新演化的影响

从图 3-8 可以看出，中央政府、地方政府和相关企业参与意愿假设为中等水平，当中央政府惩罚力度为 10、15 和 20 时，此时中央政府的支持政策对地方政府和相关企业起到惩戒作用，地方政府和相关企业收敛于 1。与整体初始意愿较低的情况相比，中等及以上的初始意愿（大于 0.3）下中央政府更重的惩戒力度会对绿色技术创新有显著正向作用，因此初始意愿是决定中央政府惩戒力度的关键因素，而更强的惩戒力度也被证实对绿色技术创新有显著作用。

3.5　研究结论

政府干预一直是引导企业进行转型升级、推进技术创新、走向绿色生产最有效的动因，无论是支持还是惩罚性质的环境规制都是政府可以利用的有效手段。就我国环境规制现状而言，中央政府和地方政府的权责有明显区分，在中央政府的战略方针下，地方政府要根据本地发展实际制定相关对策以达成经济发展和环境保护的平衡。这些具体举措会直接作用于绿色技术的创新主体企业，而企业在环境规制下出于不同的企业发展战略和自身禀赋也会做出不同决策。因此本章以实际环境规制下绿色技术创新的实际情景为导向提出研究假设，选择政策的推动方、执行方和接受方三个对象，构建了政府与企业对绿色技术创新的协同作用的非合作演化博弈模型，分析在中央政府环保及绿色创新战略叠加下，地方政府实施正向绿色技术创新支持以及负向绿色技术创新惩罚对促进企业绿色技术创新外部激励机制的博弈分析以及理想演化稳定均衡，对各个初始意愿下环境及绿色技术创新举措组合促进企业绿色技术创新政策进行仿真。研究结果发现，初始意愿对于绿色技术创新的最终结果有重要的影响，而对于博弈三方中中央政府的政策力度是起决定性作用的。具体来说，在我国现有的环境规制和创新集体体制下，中央政府的意志决定了绿色技术创新整体走向和效率，而地方政府政策的配合则可以最大化中央政府相关决策的效果，进而达成绿色技术创新的多级政府协同治理。当政府及企业的初始意愿较低时，无论是正向激励还是负向惩罚，都需要相当大的力度才能取得比较显著的效果，这会极大提高环境治理及创新激励成本，需要实施高强度监管，并将环境税征收标准提高至与环境治理成本相当才能达到促进企业绿色技术创新的调控目标。而当三方绿色技术创新初始意愿适中或者更高时，政府的协同治理才能在绿色技术创新得到最优的结果。对于绿色技术创新的主体来说，只有自身决策和政府环境保护及绿色创新举措相吻合，才有可能取得最大化的绿色技术创新收益，与政府战略尤其是中央政府战略相左的发展路线都会遇到极大政策阻力以致失败，因此只有提升各方绿色技术创新的意愿，协调各个层级的政策和举措才能够强化绿色技术创新发展成效。而对于支持和惩罚两个方向的政府干预，具体到环境规制下的绿色技术创新，就是以征收各类税费为代表的负向环境规制和以绿色技术创新补贴降税为代表的正向创新激励，当政府正向激励过强而负向惩罚不足时，促进企业绿色技术创新的目标需要政府进行高强度监管并对企业支付高额专项补贴，这极大加重了政府的财政负担。但当正向激励和负向惩罚通过反馈调节逐渐平衡时，在较高初始意愿下政策组合工具对博弈双方都具有“帕累托改进”效果。而中央与地方政策的协调经历了一个磨合的过程，采用“框架-试行-调整-颁布-反馈”的渐进式负向环境规制倒逼企业技术创新的同时，也使政府绿色技术创新专项补贴支出能逐渐调整达到收支平衡，中央政府提高正向支持力度可以在地方政府的配套措施协调以及企业的应对措施下更具效率，抵消负向环境规制强度增大而给企业技术创新带来的负面影响，由此中央和地方两级政府正向支持和负向惩罚环境规制工具的有效性强化了绿色技术创新效果。地方政策通过将创新推动和知识产权等科技政策整合到环境规制中，企业通过创新绩效的提高和持续知识产权收益保护能够产生创新补偿效应，这使支持与惩罚平衡的环境规制政策促进企业绿色技术创新有进一步的促进效果，也是政府绿色技术创新协调治理在政策层面的体现。整合环境规制和科技政策在中央和地方两级政府的正向和负向举措，通过实行环境税改革结合宏观税负，使政府拨付专项补贴资金减少、财政压力减轻，还有利于实现环境税开征的双重红利，促使企业通过绿色技术创新达成环境规制的同时，也使政府获得创新驱动、税收结构驱动带来的多重经济增长红利。

中央和地方政府干预促进企业绿色技术创新的博弈分析带来的政策启示如下：一是中央和地方政府的正向支持与负向惩罚要形成动态调整机制。市场环境和绿色技术都处于不断变化的过程中，在中央政府的绿色技术创新战略下地方政府要根据自身财政情况选择必要的执行方式和专项补贴强度。从政府层面看，资金充裕时，以更高的补贴激励企业绿色技术创新，而在财政紧张、预算缺乏的情况下逐步过渡至低补贴强监管，同时将企业根据规模、行业等要素划分绿色技术创新能力级别，以不同的优先级和力度实施环境监管，实行差异化绿色技术创新补贴和补贴推出机制。二是支持与惩罚政策实现常态化联动以达成协同治理的效果。企业通过绿色技术创新达到政府设定的环境规制目标是政府希望企业选择的发展路径，政府也在通过正向和负向的科技与环境政策引导企业逐渐转变为绿色生产模式，实现利润最大化的同时符合日渐严格的环境规制。负向环境规制例如环境税的逐步提高是地方政府为了达到中央环境战略普遍采用的负向环境规制。这从长期看可以达到企业绿色技术创新的效果，但要想引导企业进行绿色技术创新，实现短期和长期利益的平衡，也需要相应提高对企业绿色技术创新的专项补贴资金，以正向支持在短期内通过可接受的财政支出，实现企业创新驱动经济增长，保护企业绿色技术创新意愿，这在长期看也会使企业以更大的利润提高财政负担能力，也是地方政府的政策调控目标。三是以政府较高的绿色技术创新初始意愿带动企业提高绿色技术创新。政府要通过创新氛围培养、专利制度完善、制造绿色技术溢出对企业进行绿色技术创新的正外部性进行补偿，以中央战略层面和地方战术层面的政策配合体现政府进行绿色技术创新的强大意愿，以此带动企业短期内绿色技术创新投资回报增长，打破企业技术创新研发投入的“囚徒困境”，带动企业绿色技术创新意愿的提升。四是对地方绿色技术创新的举措进行完善。以环境保护征税为代表的负向环境规制手段其经济效应不仅会体现在企业的绿色技术创新方面，还会通过市场对整个行业甚至市场产生持续影响。企业的绿色技术创新只有在适宜的环境规制下才能更好地实现双重红利效应。地方政府环境规制带来的财政收入要投入促使企业进行绿色技术创新方面，实现环境规制税费来源的定向绿色技术创新支持，通过细致的绿色技术创新配套措施降低负向环境规制对企业整体税负提升的影响。地方政府在落实中央政府对创新企业实行税收优惠政策的同时，还要通过与各级税务部门的协调对绿色技术创新投入较大、成效较好的企业进行结构性减税，进一步通过不断的反馈循环激发企业绿色技术创新活力。此外，地方政府还要通过完善的市场保护机制鼓励绿色技术创新企业进行有偿技术转让，通过绿色技术溢出效应提高绿色技术创新企业边际收益的同时，促进整个区域内产业集群甚至全行业的整体绿色技术升级，从而推动产业链协同绿色技术创新和产业集群绿色技术创新。

3.6 本章小结

本章对环境规制下管理者行为博弈对绿色技术创新的影响进行了深入分析，通过发现中央和地方两级政府在绿色技术创新中权责不同带来企业绿色技术创新影响差异化的问题，选取样本构建模型对中央政府、地方政府、企业三方主体进行博弈分析及仿真模拟，得出三方主体不同决策及行为影响的同时给出相关政策建议。

4 环境规制对企业绿色技术创新的影响研究

在前述章节中，本书从理论层面上分析了环境规制对企业绿色技术创新的影响，同时构建了理论分析框架，为后续研究奠定了理论基础。本章将会通过实证研究的方法来分析环境规制对企业绿色技术创新的具体影响，并且在基准模型实证分析结果基础之上，对企业所有制、环境规制强度与企业规模大小异质性等问题展开进一步讨论，以此来分析环境规制对企业绿色技术创新的差异化影响。

4.1 研究假设与模型构建

4.1.1 假设提出

由于市场行为不可避免地会产生负向外部性效应（如环境污染），而单纯地依靠市场行为无法解决环境污染与生态破坏等问题，这时便需要政府以减轻市场主体对环境的负外部性为目标，采取一系列环境规制措施来调节企业行为。环境规制作为一项政府性行为，将会直接影响到企业决策与经营行为，由于政府行为具有强制性与坚定的目标导向，所以在环境规制的大前提下，在环保目标未达成时环境规制这一行为不会随意取消或减少。长此以往，环境规制带来的直接结果便是环境改善。李胜兰、初善冰（2014）对中国区域生态环境效率进行研究后发现，环境规制行为显著地促进了区域生态效率。环境规制之所以能够促进区域生态效率，其关键因素在于绿色创新技术的研发与应用，Porter（1995）提出，环境规制会激励企业开展创新，以此提高技术水平与工艺。环境规制能够提高企业绿色技术创新主要体现在两个方面：第一，强制性的环境规制行为使得企业不得不进行绿色创新，以此来满足相关法律要求；第二，环境规制行为将会催生出巨大的绿色创新市场，从而激励相关企业进入该领域，以此提高其市场竞争力。

然而，不可否认的一点是，环境规制将会提高企业的运营成本，企业因需要应对环境规制而产生额外的支出，由于企业自身资源有限，这笔额外的支出将会对企业的创新投入造成挤出效应。环境规制本质上是将环保投入成本内部化，而这部分支出最终也将会转嫁给消费者，不利于企业参与市场竞争，长此以往会影响其创新投入。Arduini 和 Cesaroni（2001）的实证研究表明，环境规制对欧洲的化工企业开展绿色创新造成了抑制效应。也有一些观点认为，环境规制会影响到企业的盈利水平，对企业创新和长期发展具有不利影响（Chintrakarn，2008）。徐常萍和吴敏洁（2016）对中国的实证研究也得出了类似的结论。刘晶晶（2021）发现，当地区实施严格的环境规制时，其对企业的创新投入具有显著的负向影响。

基于此，本章提出第一组假设：

假设 a1：环境规制对绿色技术创新具有正向作用，环境规制越高的地区，其本地企业绿色技术创新能力越强。

假设 a2：环境规制对绿色技术创新具有负向作用，环境规制越高的地区，其本地企业绿色技术创新能力越弱。

当前中国企业的发展呈现出了多样化的特征，不同所有制类型企业在市场竞争中百花齐放，促进了中国经济的发展，但不同所有制类型企业在绿色创新投入方面仍然存在较大差异。尽管民营企业是中国创新的核心组成部分，但从创新失败风险承担的角度来看，由于民营企业规模较小，其能够获得的资源相对有限，因此民营企业承担创新风险失败的能力相对较弱，其在创新领域的投入相对更加谨慎，一般不会跨越自身领域而进入一个陌生领域（李伟 等，2021）。而相比较而言，国有企业规模大，企业的跨领域多，能够调度的资源也更丰富，所以其能够承担更大的风险，在环境规制的压力下其向绿色创新领域进行研发投入相对较为容易。与此同时，国有企业同时还承担了非利润导向的社会责任，并且具有更强的政治关联，所以其对经营合规性有着更高的要求（毕学成，2019）。在这样的前提下，环境规制将会推动国有企业进行绿色创新投入，而民营企业则可能会因利润损失而降低在绿色创新领域的投入。

然而，一个无法忽视的事实是，激烈的市场竞争导致民营企业对市场具有天然的敏感性，创新也是民营企业能够做大做强的关键。现有部分研究表明，民营企业在创新领域的积极性高于国有企业。张斌（2019）认为，非国企的所有制混合广度对创新绩效的积极作用比国企更大。还有一些研究发现，国有企业在创新投入的应用转换方面不如民营企业，导致了其创新效率的低下。刘和旺（2015）研究发现，国有企业的创新优势并没有转化为市场优势。从这个视角分析可以得出，环境规制所引发的企业行动由强制性逐步转化为市场化之后，民营企业同样也能够迎来因绿色创新所带来的相关机遇，并因此在绿色创新领域展开投入。另外，由于民营企业具有更弱的政治关联，其对相应的强制性措施没有可操作空间，这也可能会促使其进行绿色创新以满足相关监管要求。

基于此，本章提出第二组假设：

假设 b1：环境规制对绿色技术创新的影响因企业所有制的区别而有所不同，环境规制能够促进国有企业创新，但会对民营企业造成不利影响。

假设 b2：产权因素并不会改变环境规制对绿色技术创新影响的方向，环境规制行为均能够促进国有企业与民营企业的绿色创新。

现有研究关于环境规制是否能够影响企业的绿色创新结论存在分歧的一个重要原因在于，环境规制强度对实证结果所造成的差异化影响。在生态建设文明作为国家基本战略的今天，环境规制本身作为一项强制性的政府决策，在执行过程中也会存在一定的弹性。在低环境规制强度下，政府决策会使得企业在进行转型发展时具有一定的调整空间，而在高环境规制强度下，企业则必须在短时期内进行调整，这将会对企业的经营发展带来重大影响，从而抑制其创新投入。穆献中和周文韬等（2022）通过实证研究发现，正式的环境规制对能源利用具有积极影响，但当其超过一定阈值之后便会产生抑制效应。Kemp 和 Pontogilo（2011）强调规制工具选择对环境技术创新存在较大的异质性影响效应，不同强度的环境规制，对创新的影响具有较大差别。因此，从企业对环境规制的应对行为角度来看，环境规制对企业绿色创新的正向影响可能仅集中在弱环境规制领域，强环境规制将会对企业的绿色创新效率带来不利影响。

与此同时，一些研究从长期时间段进行实证后发现，强环境规制对企业的绿色创新并非完全抑制，其同时也存在着促进效用。徐建中和王曼曼（2018）的一项研究发现，环境规制强度对绿色创新的影响为非线性的门槛作用，强环境规制并没有改变环境规制对绿色创新的正向影响。申晨等（2017）则发现了环境规制与企业绿色创新之间存在U形关系，当环境规制强度提高到一定级别后，其反而对创新的促进作用更强。这是由于强环境规制在执行过程中更加严格，从而推动了企业的绿色转型发展。

基于此，本章提出第三组假设：

假设c1：不同环境规制强度将会对企业绿色创新带来差异化影响，强环境规制强度不利于企业进行绿色创新，弱环境规制强度对企业绿色创新具有积极影响。

假设c2：环境规制对企业绿色创新的影响不因其规制强度而发生改变，强环境规制与弱环境规制均能够促进企业的绿色创新产出。

企业生命周期理论认为，企业的发展往往遵循着由小到大然后再消亡的过程，不同规模的企业在面对外部环境变动时往往会产生不同的操作逻辑。显然，大企业在企业规模、资源调度、创新能力、制度建设与企业文化建设方面更具有优势，这就会导致大企业具有更强的应对外部冲击的能力，同时也能够调动更多资源开展绿色创新投入。蒋伏心和王竹君（2013）研究发现，环境规制将会通过与大企业的规模效应相联动，从而促进技术进步。相比较而言，小企业位于企业生命周期的早期，其有限的资源重心也集中倾斜在规模扩张与市场成长方面，当小企业受到环境规制冲击时，其往往难以有效而快速地做出调整，从而对企业的经营产生不利影响。与此同时，创新作为一项高投入的长期性行为，小企业的有限资源也难以支撑其在绿色创新领域增加新的投入，所以环境规制将会对小企业的创新投入产生不利影响。

但值得关注的是，尽管在自主创新领域小企业同大企业相比具有天然的劣势，但在开放式创新模式下，小企业同样可以通过创新合作的模式与大企业合作创新研发，从而提升自主创新能力。为建立区域创新系统，开放式创新模式将小企业与大企业进行整合，系统内的企业无论大小均会对区域创新作出贡献，同时也将会因此而受益。因此，开放式创新与创新合作在一定程度上降低了企业因其规模小而给创新带来的不利影响，当其在面对环境规制时，同样有能力展开创新与研发活动。

基于此，本章提出第四组假设：

假设d1：环境规制能够促进大企业的绿色创新，但对小企业会有不利影响，小企业会因环境规制而减少绿色创新行为。

假设 d2：环境规制对企业绿色技术创新的影响方向不因企业规模大小而发生改变，环境规制对大企业与小企业的绿色创新均具有正向影响。

4.1.2 模型构建

本章的核心内容为通过实证研究的方式来分析环境规制对企业绿色创新的影响，其中核心解释变量为环境规制，被解释变量为企业绿色创新，在实证研究中同时还选取了若干控制变量。我们构建基准实证模型如式（4.1）所示，其中 $Green_{it}$ 为 i 企业在 t 的绿色创新产出，Er_{it} 为 i 企业在 t 年所面临的环境规制，$control_{it}$ 为 i 企业在 t 年的各控制变量值，ε_{it} 为随机扰动项。

$$Green_{it} = c + \alpha Er_{it} + \beta control_{it} + \varepsilon_{it} \tag{4.1}$$

本书中 $Green_{it}$ 为被解释变量，表示企业的绿色创新产出。目前学界在对创新的研究中，经常以如下三种方式来衡量企业创新。第一种方式为创新投入，通过分析企业或地方政府在创新领域的投入强度来衡量其创新产出；第二种为以新产品产值或者营业收入来表征创新产出；第三种则是以专利数据来衡量创新产出。由于创新投入到创新产出之间有一个创新资源的转化过程，高创新投入未必能够产生高的创新产出，而新产品不易界定，同时对新产品产值数据的收集也具有较大的难度，因此本书以专利作为表征。以专利数据来表征创新具有两种优势：第一，专利数据完全公开透明，可以对所有技术创新成果进行检索与收集；第二，专利是能够被保护的知识产权，能够较好地表征企业的创新能力。所以，本书选择以企业在绿色领域的专利申请作为其绿色创新产出的表征变量。同时参考齐绍洲的研究，从中国国家知识产权局（SIPO）检索制造业上市公司专利数据，然后依据世界知识产权组织（WIPO）于2010年推出的“国际专利绿色分类清单”，识别并核算了企业每年交通运输类、废弃物管理类、能源节约类、行政监管与设计类、替代能源生产类、农林类和核电类这七大类专利数量，并进一步区分绿色发明专利（Pa）和绿色实用新型专利（In）。

本书选择 Er 作为环境规制的表征变量，目前对环境规制的表征有很多方法，如可以采用地方政府在环境领域的处罚案件作为表征，也可以采用政府在环境保护领域的投资与财政拨款来作为表征变量。而近些年来，随着大数据与文本分析法开始在经济学与管理学领域得到广泛应用，一些学者开始采用政府工作报告中对环境领域的治理决策来表征环境规制

(CHEN，2018)。由于政府工作报告是地方政府治理中重要的纲领性文件之一，其不仅总结了过去的治理成效，同时也对未来治理指明了方向，因此本书参照 Chen（2018）的做法，选择以政府工作报告中环保所占的篇幅比例来表征环境规制强度。

正如前文理论分析部分所言，企业绿色创新本质上是一种个体行为，其同时还会受到企业自身经营、财务状况与内部管理等的影响，为了尽可能地剥离企业其他变量对企业绿色创新的影响，本章同时还选择了 7 组控制变量，分别为企业现金流比率（cash）、营业收入增长率（growth）、账面市值比（BM）、股权集中度（top1）、应收资产比（AR）、投资支出率（invt）与总资产增长率（tagr）。企业现金流比率以经营活动中所产生的现金流除以总资产得出，营业收入增长率为本年营业收入增长值除以上一年营业收入得出，账面市值比为账面价值除以总市值得出，股权集中度（第一大股东持股比例）为第一大股东持股数量除以总股数得出，应收资产比为应收资产除以总资产得出，投资支出率为企业在固定资产无形资产和其他长期资产中的投入现金之和除以总资产得出，总资产增长率为当年总资产增值除以上一年总资产得出。以上 7 组控制变量数据均通过国泰安数据库检索得出，同时为了最大限度地消除异方差影响，本书对被解释变量均进行了对数化处理，如 lnPa、lnIn、lnUT，由于解释变量均为比例与比率类变量，不进行对数化处理。表 4-1 为本章实证所采用的变量及测量方式。

表 4-1　变量及测量方式

变量类型	变量名称	变量符号	测量方式
被解释变量	企业绿色创新	lnPa	企业当年绿色专利申请总数量加 1 后取自然对数
		lnIn	企业当年绿色发明专利申请数量加 1 后取自然对数
		lnUT	企业当年绿色实用新型专利申请数量加 1 后取自然对数
解释变量	环境规制	Er	各地级市政府年度工作报告中环保相关文字所占篇幅

表4-1(续)

变量类型	变量名称	变量符号	测量方式
控制变量	现金流比率	cash	经营活动产生的现金流量净额除以总资产
	营业收入增长率	growth	本年营业收入/上一年营业收入-1
	账面市值比	BM	账面价值/总市值
	股权集中度	top1	第一大股东持股数量/总股数
	应收资产比	AR	应收资产/总资产
	投资支出率	invt	购建固定资产、无形资产和其他长期资产额/总资产
	总资产增长率	tagr	总资产增长速率

4.2　实证结果

4.2.1　描述性统计分析

本章选取中国沪深A股上市公司2004—2022年的数据为研究样本，剔除ST类公司样本和金融业公司样本，获得3 081家公司数据，总共包括29 962个企业样本观测值。为了剔除极端值的影响，本书对所有连续变量进行了前后1%缩尾处理，表4-2为主要变量的描述性统计值。

从表4-2可以发现，企业绿色创新专利总数的对数均值为0.231，发明专利总数的对数均值为0.091，实用新型绿色创新专利总数的对数均值为0.182，这说明当前中国上市公司绿色创新专利中主要以实用新型为主，发明专利类型的数量整体上要少于实用新型。相比较而言，发明专利更加强调技术的突破性与新颖性，多指某一领域或细分技术方案的突破式创新，而实用新型则一般是对产品的结构形状提出改进式的创新，从发明的原创性与技术含量来看，发明专利强于实用新型专利，这也表明中国上市公司在绿色创新领域的原创性与突破性的创新仍有待于进一步加强。然而，值得关注的是，从表4-2同时也可以发现，绿色创新发明专利最大值数量多于实用新型发明专利最大值数量，这表明对于中国上市公司大型企业而言，头部企业在绿色发明专利中的产出要大于实用新型，这说明了头部企业对绿色发明专利更加重视。

从数据的分布来看，无论是发明专利总数、发明专利总数与实用新型专利总数等被解释变量，还是环境规制解释变量以及7组控制变量均呈现出了较好的数据梯度分异性，表明本书所构建的模型可以进行回归实证分析。

表4-2　主要变量的描述性统计值

变量	样本量	均值	标准差	最小值	最大值
企业绿色创新（专利总数）	29 962	0. 231	0. 612	0. 000	6. 762
企业绿色创新（发明专利）	29 962	0. 091	0. 356	0. 000	6. 294
企业绿色创新（实用新型）	29 962	0. 182	0. 531	0. 000	5. 788
环境规制	29 962	0. 005	0. 003	0. 001	0. 012
现金流比率	29 962	0. 180	0. 138	0. 010	0. 629
营业收入增长率	29 962	0. 193	0. 456	-0. 608	2. 868
账面市值比	29 962	1. 028	0. 998	0. 095	5. 523
第一大股东持股比例	29 962	0. 358	0. 162	0. 091	0. 731
应收类资产比率	29 962	0. 142	0. 118	0. 000	0. 509
投资支出率	29 962	0. 053	0. 058	0. 000	0. 253
总资产增长率	29 962	0. 153	0. 312	-0. 379	2. 286

为了判断各变量是否存在多重共线性问题，按照经验证据，所有变量VIF小于（1）相关系数分析与变量多重共线性检验相关系数分析表明，变量间的相关系数均不大。模型中选取的解释变量方差膨胀因子VIF检验结果如表4-3所示，表中所有变量VIF远小于10，因而不必担心多重共线性问题。

表4-3　各解释变量方差膨胀因子VIF检验结果

变量	环境规制	现金流比率	营业收入增长率	账面市值比	股权集中度	应收资产比	投资支出率	总资产增长率	Mean VIF
VIF	1. 017	1. 096	1. 140	1. 105	1. 030	1. 058	1. 078	1. 185	1. 086
1/VIF	0. 983	0. 912	0. 877	0. 905	0. 971	0. 945	0. 928	0. 844	0. 921

4.2.2 基准模型结果

为了实证检验环境规制对企业绿色创新产出的影响，本书利用stata17.0软件，本部分对其进行了实证检验，回归结果如表4-4所示。在表4-4中，笔者做了4组回归检验，其中第1组为随机效应检验，第2组为固定效应检验，第3组为固定效应检验，同时固定了地区与行业，第4组在第3种模型的基础之上同时固定了时间效应。

在模型（1）中，环境规制与企业绿色创新之间的回归系数显著为正，回归结果大小为20.406。这表明环境规制能够显著促进企业进行绿色创新，环境规制值每提高1，企业绿色创新专利申请量将会提高20.406%，同时也意味着环境规制每提高1%，企业绿色创新专利申请量将会提高0.204%。模型（2）至模型（4）均为固定效应检验，一般在实证分析中，判断随机效应与固定效应需要进行豪斯曼检验。结果显示，Hausman检验Chi2=693.72，在1%的显著性水平下拒绝原假设，因而选择固定效应模型进行分析结果会优于随机效应。下文中所有回归模型如无特别说明，均以固定效应模型为准。

在模型（2）至模型（4）中，环境规制与企业绿色创新的回归系数均显著为正，这表明环境规制能够显著地促进企业进行绿色创新，从而提高绿色创新产出，这一结论验证了本书的第一组假设a1。具体来看，在不固定行业与时间效应时，环境规制强度每提高1%，企业绿色创新产出将会提高0.18%。由于处于不同行业的企业在绿色创新领域的投入偏好上会有所差异，这将会直接影响到企业在绿色创新领域的投入与产出，所以在模型（3）中，本章进一步控制了行业对回归结果可能造成的偏误。回归结果显示，在控制行业差异性后，环境规制强度每提高1%，企业绿色创新总产出将会提高0.19%，同样验证了本书的假设a1。为进一步控制时间效应的影响，在模型（4）中加入时间效应虚拟变量之后重新进行回归检验，实证结果同样通过了显著性检验，回归系数为19.052，这表明在控制个体、行业与时间效应之后，环境规制对企业绿色创新的促进效应仍然存在。

接下来，继续分析控制变量与被解释变量之间的回归结果，具体分析以模型（4）为准。从模型（4）的回归结果可以发现，现金流比率与企业绿色创新产出之间显著为负，表明更大的现金流并没有带来企业在绿色创新领域的投入。营收增长与绿色创新产出之间同样显著为负，这表明企业营业收入的增长也无法提升其在绿色创新领域的投入，类似的两个变量还有投资支出率与总资产增长率均与被解释变量绿色创新投入显著负相关，这可能是以市场占有度提升为导向的企业战略会在一定程度上挤压企业在绿色创新领域的投入。股权集中度与企业绿色创新之间同样为负相关，表明在同等条件下，过度集权的企业不利于开展绿色创新。账面市值与被解释变量为显著正相关，这说明在同等条件下，企业账面可支配资源越多，对其开展绿色创新越具有正面促进作用，这是由于创新是一项高研发长期投入的活动，需要企业有相应的资源作为支撑。

表 4-4　环境规制与企业绿色创新回归结果

变量	模型（1） RE	模型（2） FE	模型（3） FE	模型（4） FE
环境规制	20.406***	18.936***	18.957***	19.052***
	(16.033)	(14.636)	(14.450)	(14.287)
现金流比率	−0.051**	−0.074***	−0.065**	−0.057**
	(−2.073)	(−2.885)	(−2.538)	(−2.197)
营业收入增长率	−0.025***	−0.023***	−0.023***	−0.022***
	(−4.454)	(−4.180)	(−4.193)	(−3.967)
账面市值比	0.042***	0.040***	0.040***	0.041***
	(12.076)	(11.249)	(11.144)	(11.314)
股权集中度	−0.246***	−0.315***	−0.332***	−0.323***
	(−8.320)	(−9.715)	(−10.005)	(−9.568)
应收资产比	0.284***	0.138***	0.148***	0.137***
	(7.813)	(3.499)	(3.675)	(3.345)
投资支出率	−0.337***	−0.404***	−0.407***	−0.425***
	(−5.868)	(−6.881)	(−6.902)	(−7.166)
总资产增长率	−0.010	−0.017**	−0.017**	−0.017**
	(−1.215)	(−1.963)	(−2.003)	(−2.007)
企业固定效应	否	是	是	是
地区固定效应	否	否	是	是
行业固定效应	否	否	否	是
常数项	0.211***	0.225***	0.175	−0.134
	(11.030)	(13.127)	(0.930)	(−0.608)
样本量	29 962	29 962	29 962	29 962
R^2	0.027	0.028	0.032	0.037

注：括号内为 t 检验值，*** 、** 与 * 分别表示 99%、95%与 90%置信区间内的显著性水平。

根据创新产出类型的差异，我们可以将绿色技术创新专利产出分为三种类型，分别为绿色发明专利、绿色实用新型专利与外观设计专利，其中发明授权专利更多地要求技术创新的原创性与突破性，这些技术理论上能够对未来产业的发展带来变革性的影响，而实用新型专利则更多的是指对产品本身的改进式创新，以此来提高产品质量与性能。由于外观设计专利对技术本身的要求较少，所以本部分将重点分析环境规制对企业绿色发明专利与绿色实用新型专利的影响。实证结果如表 4-5 所示，在实证过程中本章同时控制了企业个体效应、行业效应与时间效应。表 4-5 表明，无论是以绿色发明专利还是以绿色实用新型专利作为被解释变量，环境规制均能够显著地促进企业绿色创新产出。在模型（1）中，环境规制与绿色发明专利之间的回归系数为 10. 117，表明环境规制强度每提高 1%，企业绿色发明专利将会提高 0. 101%。在模型（2）中，环境规制与绿色实用新型专利之间的回归系数为 14. 184，表明环境规制强度每提高 1%，绿色实用新型专利将会提高 0. 142%。通过对比模型（1）与模型（2）的回归系数大小可以发现，模型（2）的回归系数显著大于模型（1），这表明环境规制对企业绿色实用新型发明专利的增长促进效应要强于绿色发明专利，环境规制政策的实施更快地促进了难度更低、要求更低的企业绿色实用新型创新活动。由于绿色发明创新难度更大，因此企业更倾向于将创新资源投入渐进式的创新领域。但由于绿色发明专利却能够更实质性地提升企业绿色生产工艺技术效率，从而满足环境规制政策中对于污染物排放和治理的强制性要求，因此为应对未来的环境问题，更应该促进企业在绿色发明专利领域的投入，以此来促进新技术新工艺与新的组织模式在环保领域中的应用，进而推动整个社会新的生产方式变革。

表 4-5　专利类型的异质性

变量	(1) 绿色发明专利	(2) 绿色实用新型专利
环境规制	10. 117***	14. 184***
	(11. 354)	(11. 597)
现金流比率	-0. 046***	-0. 016
	(-2. 664)	(-0. 656)
营业收入增长率	-0. 007*	-0. 020***
	(-1. 798)	(-3. 833)

表4-5(续)

变量	(1) 绿色发明专利	(2) 绿色实用新型专利
账面市值比	0.022***	0.033***
	(9.092)	(9.995)
股权集中度	-0.172***	-0.208***
	(-7.636)	(-6.718)
应收资产比	0.096***	0.098***
	(3.508)	(2.604)
投资支出率	-0.231***	-0.299***
	(-5.825)	(-5.495)
总资产增长率	-0.014**	-0.011
	(-2.467)	(-1.352)
企业固定效应	是	是
地区固定效应	是	是
行业固定效应	是	是
常数项	-0.054	-0.114
	(-0.365)	(-0.562)
样本量	29 962	29 962
R^2	0.023	0.026

注：括号内为 t 检验值，***、** 与 * 分别表示 99%、95%与 90%置信区间内的显著性水平。

4.2.3 内生性讨论与稳健性检验

（1）内生性讨论：2SLS 模型的重新估计

尽管本书在前述分析中以面板固定效应研究了环境规制对企业绿色创新的具体影响，但模型仍然还存在回归偏误的问题，例如双向因果关系，即环境规制会影响企业的绿色创新，但同时企业绿色创新行为与产出同样也会影响到政府的环境规制决策，如当企业在绿色创新领域的投入处于高值时，政府可能会降低环境规制的强度。针对这种情况，一般需要采取工具变量的方式来重新进行回归检验，动态系统 GMM 与各阶段最小二乘法是目前学界较常采用的两种方式。

由于系统 GMM 假设干扰项 vi，j，t 不存在序列相关，又因估计过程中差分后的干扰项必然存在一阶序列相关，因此我们需要检验差分方程的残差是否存在二阶（或更高阶）的序列相关。为检验工具变量的使用是否合理，在工具变量较多的情况下，我们还需进行 Sargan 过度识别约束检验。虽在动态面板模型中，混合最小二乘（PooledOLS）模型与固定效应（fixed effects）模型都是有偏的，但一般意义而言，二者决定了被解释变量滞后项 $Yi,\ j,\ t\text{-}1$ 真实估计值的上限和下限，即有可能会导致过度识别的问题。两阶段最小二乘法是将模型分为两个阶段来进行重新估计，在第一阶段通过估计得到一个工具变量，以此来分离出内生变量的外生部分，然后在第二阶段以一种特殊的形式对工具变量法的结构参数进行一次性估计，从而得到相应的回归结果。由于两阶段最小二乘法（2SLS 或者 TSLS）对变量的分布没有限制，对解决过度识别问题具有一定优势，因此本部分采用 2SLS 对模型进行重新估计。

本书选取被解释变量的滞后一期作为工具变量，表 4-6 为以 2SLS 进行内生性检验的估计结果，可知，模型（1）、模型（3）与模型（5）中 F 值均大于 10，表明了工具变量选择的合理性。从第一阶段的回归结果来看，在模型（1）、模型（3）、模型（5）中，被解释变量滞后项与解释变量之间均显著正相关，表明企业绿色创新具有一定的时间滞后效应与惯性，当年的绿色创新行为与产出会受到上年绿色创新行为的影响，当年绿色创新产出越大，后续绿色创新产出越大。在第二阶段的实证检验中，我们引入绿色创新滞后项作为工具变量进行重新估计，可以发现，在模型（2）、模型（4）与模型（6）中，环境规制与绿色创新之间的回归系数均显著为正，这表明在引入最小二乘法模型进行重新估计之后，核心解释变量环境规制与被解释变量绿色创新之间仍然存在显著的正向关系，这与基准模型的回归结果保持一致，说明回归结论十分稳健。

表 4-6　内生性讨论：以 2SLS 法估计结果

变量	(1)	(2)	(3)	(4)	(5)	(6)
	绿色创新（专利总量）		绿色创新（发明专利）		绿色创新（实用新型专利）	
	第一阶段	第二阶段	第一阶段	第二阶段	第一阶段	第二阶段
L. 绿色创新	0.000***		0.000***		0.000***	
	(13.736)		(10.902)		(11.901)	
环境规制		2 495.415***		1 628.239***		2 368.989***
		(13.803)		(10.951)		(11.960)
现金流比率	-0.000	0.044	-0.000	0.010	-0.000	0.044
	(-0.104)	(0.187)	(-0.117)	(0.064)	(-0.082)	(0.198)

表4-6(续)

变量	(1)	(2)	(3)	(4)	(5)	(6)
	绿色创新（专利总量）		绿色创新（发明专利）		绿色创新（实用新型专利）	
	第一阶段	第二阶段	第一阶段	第二阶段	第一阶段	第二阶段
营业收入增长率	-0.000***	0.235***	-0.000***	0.163***	-0.000***	0.227***
	(-3.778)	(3.476)	(-3.979)	(3.605)	(-3.836)	(3.489)
账面市值比	-0.000	0.060*	-0.000	0.029	-0.000	0.049
	(-1.315)	(1.886)	(-0.857)	(1.406)	(-1.031)	(1.627)
股权集中度	-0.001***	3.159***	-0.001***	2.062***	-0.001***	3.021***
	(-15.850)	(10.448)	(-15.834)	(9.037)	(-15.907)	(9.644)
应收资产比	-0.001***	1.737***	-0.001***	1.098***	-0.001***	1.615***
	(-5.474)	(5.433)	(-5.341)	(5.075)	(-5.385)	(5.212)
投资支出率	-0.004***	10.295***	-0.004***	6.626***	-0.004***	9.795***
	(-17.211)	(10.885)	(-17.092)	(9.205)	(-17.214)	(9.944)
总资产增长率	0.000***	-0.722***	0.000***	-0.486***	0.000***	-0.684***
	(7.287)	(-6.244)	(7.362)	(-6.050)	(7.266)	(-6.012)
常数项	0.005***	-12.557***	0.005***	-8.405***	0.005***	-12.293***
	(7.527)	(-6.395)	(7.707)	(-6.112)	(7.711)	(-6.330)
F 值	28.28		27.99		28.09	
观测值	28 496	28 496	28 496	28 496	28 496	28 496

注：括号内为 t 检验值，***、** 与 * 分别表示99%、95%与90%置信区间内的显著性水平。

（2）稳健性检验：增加新的控制变量

前文在实证模型中加入了7组控制变量以控制其他因素对模型可能造成的影响。现有部分研究发现，企业的规模对企业创新偏好与产出具有一定影响，相比较而言，大企业可调配的创新资源更加丰富，这有利于其增加创新产出。张峰和任仕佳（2020）研究发现，企业规模质量对绿色创新的效率具有双重的门槛影响。王旭和褚旭（2022）研究发现，当企业突破一定规模时，外部融资能够显著促进企业的绿色创新。此外，从企业生命周期理论来看，当企业处于不同的生命周期时，其经营模式与行为偏好将会存在较大差异。相比较而言，成立时间越长的企业，其经营模式与组织模式越稳定，且内部与外部创新资源获取渠道越丰富，这同样可能会对企业的创新造成影响。董晓芳和袁燕（2014）的一项研究发现，成熟的企业创新更多地受益于产业专业化所带来的马歇尔外部经济效应。对于微观企业主体的创新而言，这是一项需要投入大量人力、物力与资金的持续性行为，融资约束将会影响企业的创新资源获取，进行影响其创新产出。基于此，本书在控制变量中加入企业公司规模、上市年份、融资约束，进一步降低关键遗漏变量可能产生的内生性问题，回归结果如表 4-7 所示。

表 4-7　稳健性检验：增加新的控制变量

变量	(1) 绿色专利	(2) 绿色发明专利	(3) 绿色实用新型专利
环境规制	6.702***	3.618***	5.811***
	(4.603)	(3.700)	(4.326)
现金流比率	0.103***	0.043**	0.103***
	(3.928)	(2.440)	(4.249)
营业收入增长率	-0.031***	-0.012***	-0.026***
	(-5.574)	(-3.136)	(-5.146)
账面市值比	0.002	0.000	0.004
	(0.581)	(0.040)	(1.070)
股权集中度	-0.112***	-0.059**	-0.059*
	(-3.204)	(-2.505)	(-1.840)
应收资产比	0.227***	0.145***	0.162***
	(5.582)	(5.304)	(4.314)
投资支出率	-0.052	-0.029	-0.033
	(-0.860)	(-0.699)	(-0.582)
总资产增长率	-0.021**	-0.016***	-0.013*
	(-2.449)	(-2.811)	(-1.676)
企业规模	0.082***	0.047***	0.063***
	(14.479)	(12.390)	(12.081)
企业年份	0.157***	0.089***	0.121***
	(15.609)	(13.221)	(13.018)
融资约束	0.262***	0.164***	0.231***
	(9.579)	(8.943)	(9.169)
企业固定效应	是	是	是
地区固定效应	是	是	是
行业固定效应	是	是	是
常数项	-1.478***	-0.770***	-1.031***
	(-5.968)	(-4.629)	(-4.515)
样本量	29 962	29 962	29 962
R^2	0.065	0.043	0.044

在表 4-7 中，我们可以发现，在进一步控制企业规模、企业年份与融资约束三组变量之后，核心解释变量环境归属与被解释变量绿色技术创新产出之间的关系仍然显著为正，这表明基准模型回归结果十分稳健。从新增的三组控制变量来看，企业规模、企业成立年限、融资约束与绿色创新之间的回归系数均显著为正，这表明这三组因素均能够促进企业的绿色创新。

（3）稳健性检验：替换核心解释变量

在前述研究中，本章以政府工作报告中环保相关文字占总文字篇幅的比例来衡量环境规制强度，本部分采取计划核心解释变量的方法来进行稳健性检验。参考张宏（2022）与亚琨（2022）等的做法，本部分采用每千元工业增加值的工业污染治理完成投资额来表征环境规制，当每千元工业增加值中工业污染治理投资额越大时，表示环境规制强度越高。与此相反，当每千元工业增加值中工业污染治理投资额越小时，表示环境规制强度越低。以此种方法重新测度环境规制以后，将其作为核心解释变量代入模型中进行重新检验。检验结果如表 4-8 所示。

在表 4-8 中，替换核心解释变量以后，模型（1）至模型（3）中环境规制与企业绿色创新之间仍然显著为正，环境规制能够显著促进企业绿色专利总量增长，同时也能够促进企业绿色发明专利与绿色实用新型专利的增长，这一结论与基准回归结果保持一致，这表明基准模型回归结果十分稳健。

表 4-8　稳健性检验：替换核心解释变量

变量	（1） 绿色专利	（2） 绿色发明专利	（3） 绿色实用新型专利
环境规制 2	0.008***	0.005***	0.005**
	（3.181）	（2.815）	（2.104）
现金流比率	-0.068***	-0.052***	-0.024
	（-2.625）	（-3.001）	（-1.015）
营业收入增长率	-0.023***	-0.007*	-0.020***
	（-4.104）	（-1.919）	（-3.940）
账面市值比	0.042***	0.022***	0.034***
	（11.415）	（9.150）	（10.138）
股权集中度	-0.398***	-0.212***	-0.265***
	（-11.909）	（-9.493）	（-8.649）

表4-8(续)

变量	(1) 绿色专利	(2) 绿色发明专利	(3) 绿色实用新型专利
应收资产比	0.095**	0.074***	0.066*
	(2.311)	(2.691)	(1.764)
投资支出率	-0.520***	-0.280***	-0.372***
	(-8.770)	(-7.089)	(-6.840)
总资产增长率	-0.015*	-0.013**	-0.009
	(-1.709)	(-2.219)	(-1.129)
企业固定效应	是	是	是
地区固定效应	是	是	是
行业固定效应	是	是	是
常数项	0.069	0.053	0.041
	(0.314)	(0.358)	(0.203)
样本量	29 962	29 962	29 962
R^2	0.030	0.019	0.021

注：括号内为 t 检验值，***、** 与 * 分别表示 99%、95%与 90%置信区间内的显著性水平。

4.3 研究结论

前文基准模型部分，从实证的角度分析了环境规制对企业绿色创新的影响，但从现实实践来看，环境规制对企业绿色创新的影响还会受到异质性因素的影响。接下来，我们分别从企业性质、环境规制的强弱、企业规模大小进行异质性检验，以进一步分析异质性因素的影响。

4.3.1 企业所有制异质性

党的十八届三中全会指出公有制与非公有制经济均是社会主义市场经济的重要组成部分，同时也是我国经济社会发展的重要基础。但国有企业与非国有企业仍然存在较大的差异性，且主要集中在如下几个方面，分别为社会责任、组织模式与资源。

首先，由于产权所有存在差别，国有企业经营与民营企业经营目标方面会有不同侧重，一个显著的差别在于国有企业同时还承担着非利润导向的社会责任，使得国有企业在面向公共利益的服务领域扮演着更大的角色。环境规制客观上也要求国有企业更加积极地响应国家生态环境保护战略，所以从这个视角来看，在环境规制大背景下，国有企业具有更强的绿色创新驱动力（和军，2021）。其次，国有企业与民营企业在组织模式方面存在较大差异，民营企业组织模式更加灵活，可以根据市场的变化及时做出调整与革新。同时，民营企业扁平化的管理模式使其对市场具有更加敏锐的嗅觉力（靳来群，2015），当其面对环境规制外部环境时，民营企业可以更加迅速地采取针对性的改进措施，这对其开展绿色创新与技术研发具有积极影响。最后，从创新资源投入角度来看，国有企业可供投入的研发资源更加丰富，这对于其开展绿色研发创新具有积极作用。

基于此，本部分采用分组回归的方式进行回归检验，以判断环境规制对不同所有制企业绿色创新的差异化影响，回归结果如表 4-9 所示。在模型（1）至模型（6）中，核心解释变量环境规制对企业绿色创新专利产出均为正向影响，这表明无论是国有企业还是民营企业，环境规制均能够显著促进企业绿色创新产出，这一结论证实了本章所提出的假设 b2。分别对比模型（1）与模型（2）、模型（3）与模型（4）、模型（5）与模型（6）中回归系数的大小，可以发现，在国有企业回归组中核心解释变量环境规制与被解释变量绿色创新的回归系数均高于民营企业回归组，这表明环境规制对国有企业绿色创新的促进作用要强于非国有企业。根据上述分析可知，尽管民营企业具有更加灵活的组织模式与市场嗅觉，但国有企业的社会责任导向与创新资源方面所具有的优势驱动着其更加积极地开展绿色创新。

表 4-9　企业所有制的异质性

变量	(1)	(2)	(3)	(4)	(5)	(6)
	绿色专利		绿色发明专利		绿色实用新型专利	
	国有	非国有	国有	非国有	国有	非国有
环境规制	31.285***	11.180***	12.919***	6.529***	25.944***	8.206***
	(11.505)	(7.008)	(7.302)	(6.111)	(10.771)	(5.506)
现金流比率	-0.088	-0.072**	-0.031	-0.059***	-0.049	-0.020
	(-1.281)	(-2.529)	(-0.687)	(-3.082)	(-0.809)	(-0.770)
营业收入增长率	-0.019*	-0.021***	-0.012*	-0.003	-0.014	-0.021***
	(-1.842)	(-3.167)	(-1.880)	(-0.596)	(-1.596)	(-3.434)
账面市值比	0.039***	0.028***	0.019***	0.015***	0.029***	0.023***
	(5.732)	(6.014)	(4.369)	(4.969)	(4.837)	(5.374)

表4-9(续)

变量	(1)	(2)	(3)	(4)	(5)	(6)
	绿色专利		绿色发明专利		绿色实用新型专利	
	国有	非国有	国有	非国有	国有	非国有
股权集中度	-0.126*	-0.384***	-0.127***	-0.179***	-0.004	-0.273***
	(-1.944)	(-8.885)	(-3.016)	(-6.186)	(-0.071)	(-6.771)
应收资产比	0.307***	0.076	0.259***	0.053	0.225***	0.043
	(3.531)	(1.565)	(4.578)	(1.610)	(2.915)	(0.937)
投资支出率	-0.486***	-0.270***	-0.206***	-0.185***	-0.419***	-0.150**
	(-4.114)	(-3.823)	(-2.678)	(-3.903)	(-4.001)	(-2.277)
总资产增长率	-0.023	-0.006	-0.017	-0.009	-0.019	-0.000
	(-1.148)	(-0.651)	(-1.362)	(-1.380)	(-1.111)	(-0.049)
企业固定效应	是	是	是	是	是	是
地区固定效应	是	是	是	是	是	是
行业固定效应	是	是	是	是	是	是
常数项	-0.477	0.121	-0.137	0.035	-0.448	0.098
	(-1.313)	(0.503)	(-0.579)	(0.218)	(-1.391)	(0.434)
样本量	7 005	22 957	7 005	22 957	7 005	22 957
R^2	0.061	0.023	0.041	0.013	0.051	0.016

注：括号内为 t 检验值，*** 、** 与 * 分别表示99%、95%与90%置信区间内的显著性水平。

4.3.2 环境规制强度异质性

现有研究发现，环境规制对企业绿色创新的影响同时还会受到环境规制的模式与规制强度所影响。穆献中和周文韬（2022）系统分析了不同类型环境规制对能源效率的影响，他们发现，正式的环境规制模式在企业全要素能源利用效率具有正向影响，但是当其超过合理阈值以后作用强度将会减弱，非正式的环境规制对全要素能源利用效率的影响呈现出了U形趋势，具体表现为先抑制后促进，同时还发现非正式的环境规制模式具有更强的遮掩效应。郭进（2019）研究发现，严厉的行政处罚环境规制能够显著抑制地方企业开展绿色技术创新，同时地方性法规对绿色技术创新的影响有限。环境规制对绿色创新与生产率影响的作用发挥不仅与环境规制的方式有关，同时也取决于环境规制的强度（原毅军 等，2016），环境规制对绿色创新影响的U形关系在中国同样成立（张娟 等，2019）。

根据环境库兹涅茨理论，经济发展与环境污染呈倒U形关系，那么，在这一进程中环境规制是否能够改变倒U形关系或者移动环境库兹涅茨拐点，本部分从微观视角出发，通过分组检验的方式来判断不同强度环境规制对企业绿色创新的具体影响。本书对环境规制强弱的划分方法为中位数法，将中位数以上的环境规制定义为相对强环境规制，将中位数以下的环境规制定义为相对弱环境规则，实证结果如表 4-10 所示。

在表 4-10 中，模型（1）至模型（6）中核心解释变量环境规制与企业绿色创新产出之间的回归系数均显著为正，这表明不同强度下的环境规制对企业绿色创新的正向影响均显著存在，其对绿色专利总量、绿色发明专利总量与绿色实用新型专利总量的影响均为促进作用，本部分的实证结果证实了本书所提出的假设 c2。对比 6 组回归模型，强环境规制与弱环境规制回归系数的大小可以判断不同强度环境规制对企业绿色创新影响的差异性。结果显示，无论是绿色专利、绿色发明专利还是绿色实用新型专利，强环境规制组的回归系数均显著小于弱环境规制组的回归系数，这表明尽管强环境规制模式仍然能够促进企业绿色创新，但其边际效应会有所下降，其对企业绿色创新的促进效应将不如弱环境规制有效，这一结论也启示政府在制定环境规制政策与措施时，需要控制好环境规制的强度。

表 4-10　环境规制强度异质性检验

变量	（1）	（2）	（3）	（4）	（5）	（6）
	绿色专利		绿色发明专利		绿色实用新型专利	
	强环境规制	弱环境规制	强环境规制	弱环境规制	强环境规制	弱环境规制
环境规制	6.303**	28.703***	3.757*	13.286***	4.871*	21.342***
	(2.227)	(8.536)	(1.908)	(6.126)	(1.836)	(7.023)
现金流比率	-0.081**	-0.069*	-0.074***	-0.052**	-0.023	-0.023
	(-2.081)	(-1.814)	(-2.715)	(-2.116)	(-0.635)	(-0.665)
营业收入增长率	-0.018**	-0.014*	-0.004	-0.001	-0.017**	-0.014**
	(-2.105)	(-1.952)	(-0.667)	(-0.309)	(-2.161)	(-2.059)
账面市值比	0.031***	0.039***	0.018***	0.021***	0.027***	0.029***
	(5.429)	(7.900)	(4.387)	(6.564)	(4.969)	(6.552)
股权集中度	-0.266***	-0.357***	-0.139***	-0.219***	-0.184***	-0.197***
	(-4.566)	(-7.800)	(-3.436)	(-7.418)	(-3.367)	(-4.752)
应收资产比	0.182***	0.071	0.129***	0.027	0.112*	0.063
	(2.582)	(1.306)	(2.635)	(0.786)	(1.690)	(1.290)
投资支出率	-0.307***	-0.450***	-0.200***	-0.208***	-0.166*	-0.367***
	(-3.234)	(-5.667)	(-3.032)	(-4.058)	(-1.868)	(-5.105)
总资产增长率	-0.015	-0.010	-0.011	-0.012	-0.011	-0.006
	(-1.259)	(-0.733)	(-1.383)	(-1.436)	(-1.013)	(-0.483)

表4-10(续)

变量	(1)	(2)	(3)	(4)	(5)	(6)
	绿色专利		绿色发明专利		绿色实用新型专利	
	强环境规制	弱环境规制	强环境规制	弱环境规制	强环境规制	弱环境规制
企业固定效应	是	是	是	是	是	是
地区固定效应	是	是	是	是	是	是
行业固定效应	是	是	是	是	是	是
常数项	0.045	−0.108	0.025	−0.136	0.041	0.006
	(0.260)	(−0.324)	(0.205)	(−0.628)	(0.254)	(0.019)
样本数量	15 534	14 428	15 534	14 428	15 534	14 428
R^2	0.023	0.038	0.017	0.025	0.017	0.027

注：括号内为 t 检验值，***、** 与 * 分别表示 99%、95%与 90%置信区间内的显著性水平。

4.3.3 企业规模大小异质性

在前文的稳健性检验中，通过在控制变量中加入企业规模大小以控制企业规模对绿色创新的影响，结果表明在控制企业规模之后，环境规制对绿色创新的促进作用依然显著，同时企业规模与绿色创新的回归系数为正，表明企业规模对绿色创新具有正向影响。正如前文所言，处于不同生命周期的企业，其经营重点、组织模式与资源均会存在差异，这同样会对环境规制影响绿色创新造成差异化的影响，本部分采用分组回归的方式来检验企业规模大小异质性对环境规制作用绿色创新的差异化效应。同样采取营业收入中位数分组的方式将所有企业分为两组，分别为大型企业与小型企业，位于营业收入中位数以上的企业为大型企业，相反则为小型企业。回归结论如表 4-11 所示。

在表 4-11 中，6 组模型均通过了显著性检验，并且回归系数均显著为正，这表明无论是大型企业还是小型企业，环境规制均能够促进其绿色创新，回归结论证实了假设 d2。这说明，尽管小企业应对环境规制的能力与调取开展绿色创新的资源的能力更弱，但是环境规制仍然能够促进企业在绿色创新领域获得相应成果，这说明环境规制对企业绿色创新促进效应具有广泛的适用性。虽然大型企业与小型企业均能够因环境规制而开展绿色创新，但是环境规制对二者绿色创新的促进效应强度有一定差异，大型企业回归组中的模型（1）、模型（3）与模型（5）的回归系数更大，这表明环境规制对大型企业的绿色创新促进效应更强，尽管小型企业也会因环境规制而提升创新产出，但因其较小的规模与创新能力限制了环境规制对其绿色创新产出的进一步提升，导致环境规制对其绿色创新产出的促进效应要弱于大型企业。

表 4-11　企业规模大小异质性检验

变量	(1)	(2)	(3)	(4)	(5)	(6)
	绿色专利		绿色发明专利		绿色实用新型	
	大型企业	小型企业	大型企业	小型企业	大型企业	小型企业
环境规制	25.109***	4.276***	13.433***	2.406**	19.573***	2.585*
	(11.232)	(2.659)	(8.557)	(2.484)	(9.425)	(1.759)
现金流比率	-0.048	-0.056**	-0.037	-0.042***	-0.003	-0.026
	(-0.884)	(-2.171)	(-0.961)	(-2.718)	(-0.057)	(-1.102)
营业收入增长率	-0.034***	-0.006	-0.010*	0.002	-0.030***	-0.008
	(-3.755)	(-0.932)	(-1.647)	(0.588)	(-3.590)	(-1.457)
账面市值比	0.042***	0.001	0.022***	0.006	0.035***	-0.004
	(8.635)	(0.161)	(6.435)	(1.201)	(7.878)	(-0.532)
股权集中度	-0.384***	-0.242***	-0.238***	-0.106***	-0.256***	-0.162***
	(-6.349)	(-5.291)	(-5.594)	(-3.851)	(-4.543)	(-3.886)
应收资产比	0.275***	0.075*	0.228***	0.038	0.165**	0.056
	(3.310)	(1.659)	(3.904)	(1.399)	(2.140)	(1.372)
投资支出率	-0.740***	-0.127*	-0.396***	-0.080**	-0.559***	-0.063
	(-7.143)	(-1.955)	(-5.435)	(-2.064)	(-5.807)	(-1.068)
总资产增长率	-0.029**	-0.011	-0.027***	-0.002	-0.016	-0.009
	(-2.047)	(-1.124)	(-2.745)	(-0.408)	(-1.195)	(-0.968)
企业固定效应	是	是	是	是	是	是
地区固定效应	是	是	是	是	是	是
行业固定效应	是	是	是	是	是	是
常数项	-0.549*	0.055	-0.240	0.129	-0.366	-0.067
	(-1.690)	(0.222)	(-1.052)	(0.866)	(-1.213)	(-0.298)
样本数量	15 899	14 063	15 899	14 063	15 899	14 063
R^2	0.047	0.011	0.030	0.009	0.035	0.007

注：括号内为 t 检验值，*** 、** 与 * 分别表示 99%、95%与 90%置信区间内的显著性水平。

4.4　本章小结

本章通过实证研究的方式分析了环境规制对企业绿色创新的影响，通过研究得到了如下结论：

首先，环境规制能够显著促进企业绿色创新。基准模型结果表明，环境规制强度每提高 1%，企业绿色专利申请总量将会提高 0. 19%，绿色发明专利申请量将会提高 0. 1%，绿色实用新型专利申请量将会提高 0. 14%。在采用两阶段最小二乘法（2SLS）模型进行内生性讨论后，结论与基准模型结果保持一致，同时在采取增加新控制变量与替换核心解释变量的两组稳健性检验之后，基准模型回归结果仍然保持稳健。

其次，环境规制对企业绿色技术创新的作用会受到企业所有制、环境规制强度与企业规模大小异质性的影响，但上述三组异质性因素并不能改变环境规制对企业绿色创新的影响方向，仅会影响作用强度。具体表现为，环境规制对国有企业与大企业绿色技术创新的促进作用要强于民营企业与小企业，同时环境规制强度对企业绿色技术创新促进效用的边际效用在下降，强环境规制对企业绿色创新的促进效果要弱于弱环境规制。

本章的实证结果分别验证了假设 a1、假设 b2、假设 c2 与假设 d2，同时为后续章节奠定了基础，接下来本书将重点讨论管理者行为偏好对企业绿色创新的影响以及管理者行为偏好在环境规制影响企业绿色创新中的具体影响与作用路径。

5 管理者环境认知在环境规制对绿色技术创新影响中的调节效应研究

5.1 研究假设与设计

5.1.1 研究假设

从认知视角出发，企业管理者对环境问题进行关注，提升环境认知后，对已经获取的系列环境相关信息会有不同的判断和决策，进一步获取环境规制和绿色技术创新相关的信息也更灵敏更有针对性。这都直接决定了企业在战略层面采用何种绿色发展战略，以及在具体实施层面会采用何种具体措施来达成企业的绿色发展及技术创新战略，从而影响企业的绿色技术创新。Schwenk（1984）从企业管理者环境认知的视角出发分析不同企业应对外部因素变化时的规律，发现企业的任何外部因素作用于企业运营都是企业管理者经过筛选和主观选择的环境，倾向性和目的性都极为明显，与真实外部世界全面真实客观的信息存在较大差异。管理者环境认知对企业差异化的影响来源于管理者精力和认识都是有限的。基于有限理性理论，企业高层管理者对外部环境的关注本质上就是一种主观的信息筛选，外界的环境规制及绿色创新要素相关的信息会被企业管理者不同程度地获取，加以不同的理解并基于这些信息进行判断，管理者环境认知会极大影响决策过程中信息的利用情况及各种要素的因果。正因为如此，管理者环境认知的差异化是导致企业对绿色技术创新、绿色产品研发、绿色战略规划呈现巨大差异的重要原因，而采用何种方式应对政府、市场、公众对于环境的要求也会受到管理者环境认知的影响。管理者环境认知是企业内部资源和外部环境的一个重要桥梁，而环境规制作为一种重要的外部因素也需要通过管理者环境认知具体影响企业内部的创新资源配置，这最终影响了绿色技术创新的结果。Tuggle（2010）的大量实证研究证实了企业管理人员对环境的重视程度直接影响了企业最终绿色发展战略的结果，绿色技术创新作为绿色发展战略与绿色竞争力的重要组成部分也受到管理人员环境认知的调节和影响。张晓军（2012）对企业绿色创新的前置影响因素进行了全面研究，其中提到管理人员等企业的利益相关方感受到外界环境压力的情况下，会产生更强的绿色创新动因推动企业绿色技术投入与产出。曹洪军等（2017）也对企业各个职位的环保意识进行了研究，发现高层管理者的环保意识对企业的绿色创新能够产生明显强于其他因素的正向影响，这一结论也佐证了管理者环境认知对环境规制与企业绿色技术创新有调节作用的假设。在注意力基础观理论视域下管理者的注意力放在哪个方面，企业就更容易采取对策集中资源解决哪方面的问题，管理者对环境的认知也直接促使企业采取包括绿色技术创新在内的具体措施以达到企业环境规制的要求，因此本章提出假设：

H1：管理者环境认知在环境规制与企业绿色技术创新间发挥调节作用。

管理者环境认知对企业经营过程的影响是全方位的，从企业的环境责任、发展路径、环保措施和行为等多方面影响了环境规制与企业绿色技术创新关联。企业要想利用绿色发展争取足够的竞争优势，就必须根据环境规制做出全面调整，管理者环境认知程度高的企业更有可能将环境规制的影响传导到企业内部的创新行为上，对企业绿色技术创新起到了正向调节作用。相反管理者环境认知较低的企业，不可能有较强的环境责任意识以及相应的环保投入，即便在面临外部环境压力的情况下也不倾向于采用技术创新的方式来解决环境问题，管理者环境认知也在环境规制和绿色技术创新这一组正相关的指标中强化了负面相关性。从认知理论视角出发，企业管理者环境认知是企业积极主动感知外部变化的核心要素，主动的意识会促使管理者主导企业采取在环境规制的要求下进行对降低污染保护环境有益的绿色创新投入，这就解释了为什么较高环境认知会促进管理者加大对企业绿色技术创新的力度，而较低的环境认知会抑制管理者主导进行相关的绿色技术创新行为。

熊彼特提出的创新理论指出，企业出于任何目的的创新都极大地依赖于决策者的认知能力。在创新所需要的投资决策过程中，管理者对于创新资源的配置以及创新路径的选择都是决定最终创新结果的关键因素。绿色技术创新也是如此，企业管理者作为推动绿色研发与创新的重要活动主体，尤其在企业面临环境规制变化等外部不确定性因素时，管理者的环境认知这一重要特质会导致其对环境规制带来的影响有差异化的理解与判断，进而对企业的绿色技术创新行为产生不同的调节作用。这种差异化的调节作用主要体现在三个方面：第一，管理者环境认知的异质性使得管理者对于各种类型的环境规制及其内在作用机理形成差异化认知，这会直接影响企业绿色技术创新的决策方向及执行力度。已有的研究表明，管理者环境认知程度越高，企业对于环境规制的应对就越具正面成效，企业就具有更强的环境风险意识以及应对环境规制强度增加的承受能力，也具备更敏感的环境政策嗅觉以及应对能力，尤其面对行政命令型的负面环境规制时会具备更强的能动性，因此管理者环境认知程度更高的企业也更愿意进行绿色技术创新投资。与环境认知程度较低的管理者相比，环境认知程度高的管理者往往更容易被绿色技术创新带来的收益与前景吸引，在进行绿色创新投入时更为积极。当企业面临外部环境规制变化带来的不确定性风险时，环境认知程度高的管理者更容易在企业面对环境规制的不利现状中保障基于污染治理的短期绿色创新活动，以及符合绿色发展趋势长期绿色技术创新投入的持续进行，这一类管理者更善于捕捉环境规制带来不确定风险背后的市场机会，与环境认知不足的管理者相比保留更充分的绿色创新投入，尤其是长期项目的投入。第二，研究发现，环境认知程度高的管理者具有更持续的环境投入偏好，环境认知程度高的管理者在企业经营决策过程中会预防性地进行创新能力储备和绿色资源要素积累，这会极大弱化在应对短期强制环境规制时企业的应对成本，使企业在相同环境规制下在市场上占据更主动的地位并保留更乐观的收益预期，企业未来陷入无法达成环境规制的可能性大大降低。在资源相对有限的情况下，环境认知程度高的管理者在进行资源分配时会向绿色技术创新倾斜，他们对于因为放弃绿色创新投入而带来的在环境规制下潜在的长期损失更为在意。因此环境认知程度高的管理者能够在很大程度上降低因为追求短期环境规制应对而导致绿色技术创新投入的挤出效应。第三，环境认知程度高的管理者在企业经营和融资过程中会对企业面对外部环境规制变化带来风险的承受能力做更充分的考虑，并更倾向于做出绿色发展、多元化举措应对环境规制的决策，这会拓宽企业融资渠道并保证相应的资金持续投入绿色技术创新中，同时也强化了企业绿色投资水平。管理者的环境认知会在一定程度上缓解因环境规制不确定性所引发的企业合规危机，环境认知程度高的管理者对绿色技术引进、融合、替代等多元化绿色升级的接受程度也更高，努力为企业的绿色创新活动提供更大更稳定的发展空间，缓解企业收益等短期指标以及外部投资人对内部绿色技术创新的压力，从而减轻绿色技术创新成本上升对企业绿色研发投入的削弱程度。聂伟（2016）在针对公众的环保意识进行研究时发现，居民的环境认知作为软性环境规制的一部分，会带动企业管理者环境认知的提高，最终会促使绿色技术创新的发生，由此可以推测企业中管理者的环境认知对环境规制影响绿色技术创新也有正向调节作用。姜雨峰等（2014）认为企业管理者所具有的环境责任感影响企业的绿色创新战略，尤其表现在企业的绿色技术创新上，相对于较低环保意识的企业管理者，较高的环境意识对企业管理者的绿色创新战略使环境规制更显著地推动了绿色科技创新。基于上述分析，本章提出以下假设：

H2：管理者环境认知对环境规制和企业绿色技术创新的影响起到了正向调节作用。

5.1.2 样本选取与数据来源

（1）样本选取

本书选取中国沪深 A 股上市公司 2004—2022 年的数据为研究样本，剔除 ST 类公司样本和金融业公司样本，获得 3 081 家公司数据，总共包括 29 962 个企业样本观测值。为了剔除极端值的影响，笔者对所有连续变量进行了前后 1%缩尾处理。

（2）数据来源

参考邓新明的研究，管理者环境认知是一个随时间不断累加的过程，需要一定的时间才能形成对环境—战略关系的认知。所以，本书选择成立 10 年以上的公司。目前文本分析法逐渐被学术界采用，是衡量管理者环境认知能力的一种有效方法。文本分析法基于 Whorf-Sapir 假设，该假设认为个体经常使用的词语可以体现其内心的想法，也就是使用越多的词语就越能暗示该个体重视这个方面。文本参考于迪的研究，本书选取一些可以反映管理者对企业绿色创新以及环境污染重视程度的词语，如环保、绿色、使命、愿景、价值观、标准、污染、工艺、专利、能耗、回收、循环、意识、排放、节能、披露、可持续和风险等。依据上述研究可知，这些词语能够反映管理者对企业绿色创新及环境污染的关注，用这些词条出现的字数占年报全文字数的比值来对管理者环境认知能力进行衡量。

在齐绍洲的研究基础上，本书从中国国家知识产权局（CNIPA）收集了制造业上市公司的专利信息。利用世界知识产权组织（WIPO）在2010年发布的“国际专利绿色分类清单”，本书对企业每年的专利进行了分类，包括交通运输、废弃物处理、能源节约、行政监管与设计、替代能源生产、农林以及核电七个领域的专利数量。在此基础上，进一步区分了绿色发明专利和绿色实用新型专利。

对于环境规制数据的收集，本书参照了Chen等的研究方法，通过手工搜集各级市政府的工作报告，并利用Python编程语言爬取报告中与环保相关的文字信息；通过计算环保相关文字在工作报告总字数中所占的比例，来评估各市政府的环境规制强度。其他控制变量均来源于国泰安数据库。

5.1.3 变量定义

本章研究的被解释变量为企业的绿色技术创新（lnPa），将企业的年度绿色专利申请数总量加1后取自然对数去量纲方便进行比较和分析。为了进一步研究管理者环境认知调解下环境规制对于不同绿色创新的影响，将绿色专利中更偏向于底层基础的绿色发明专利（lnIn）和更偏向于应用的绿色实用新型专利（lnUT）进行分别统计和分析，指标处理方式和绿色技术创新总指标一致；解释变量为环境规制（er），以各地级市政府年度工作报告中环保相关文字所占篇幅，以此来衡量一个区域环境规制的强度和重视程度；调节变量是管理者环境认知（ren），着重考察管理者的环境认知对于环境规制影响企业绿色创新有何调节作用；由于环境规制对于不同企业影响的异质性，还对一系列企业属性相关的变量进行了控制，以年总资产代理公司规模（size）并自然对数去量纲，以总资产增长速率（tagr）代表企业发展阶段，前述两个指标分别刻画了企业资产的存量和增量。以年末总负债除以年末总资产代表资产负债率（Lev），以非流动债、短期借贷、当年到期非流动债、交易金融债、衍生金融债的总和占总负债衡量企业金融负债比率（Finlev），这两个指标从负债率的角度描述了企业的资产结构，而以机构投资者持股比例（Inst）即机构投资者持股总数除以流通股本从资本构成的角度刻画企业的资产结构（见表5-1）。

表5-1　变量定义与测量方式

变量类型	变量名称	变量符号	测量方式
被解释变量	企业绿色创新	lnPa	企业当年绿色专利申请总数量加1后取自然对数
		lnIn	企业当年绿色发明专利申请数量加1后取自然对数
		lnUT	企业当年绿色实用新型专利申请数量加1后取自然对数
解释变量	环境规制	er	各地级市政府年度工作报告中环保相关文字所占篇幅
调节变量	管理者环境认知	ren	如前5.1.2（2）所述
	公司规模	size	年总资产的自然对数
控制变量	总资产增长率	tagr	总资产增长速率
	资产负债率	Lev	年末总负债除以年末总资产
	机构投资者持股比例	Inst	机构投资者持股总数除以流通股本
	金融负债比率	Finlev	（非流动债+短期借贷+一年内到期非流动债+交易金融债+衍生金融债）/总负债

5.1.4　模型设计

本章主要是研究环境规制对于企业绿色技术创新的影响，构建如下基准计量模型：

$$\text{lnpa}_{i,t} = \beta_0 + \beta_1 \text{er}_{i,t} + \alpha \text{Controls}_{i,t} + \lambda_i + \mu_c + \gamma_j + \varepsilon_{it} \qquad (5.1)$$

式（5.1）中，i表示上市公司，t表示时间，c表示城市，j表示行业，lnpa为企业的绿色创新水平，er为环境规制，Controls为控制变量。β_0表示常数项，β_1表示系数，α为控制因素影响向量，λ_t为个体固定效应，μ_c为地区固定效应，γ_j表示行业固定效应，ε_{it}为误差项。

管理者环境认知会正向调节环境规制对于企业绿色技术创新的影响作用。本书在式（5.1）的基础上进一步加入管理者环境认知与环境规制的交互项来检验管理者环境认知的调节作用，构造的交互效应模型如下：

$$\ln pa_{i,t} = \beta_0 + \beta_1 er_{i,t} \times ren_{i,t} + \beta_2 er_{i,t} + \beta_3 ren_{i,t} + \alpha Controls_{i,t} + \lambda_i + \mu_c + \gamma_j + \varepsilon_{it} \quad (5.2)$$

其中，$ren_{i,t}$表示i上市公司在t年的管理者环境认知程度，$er_{i,t} \times ren_{i,t}$表示环境规制与管理者环境认知的交互项，其他变量与式（5.1）相同。在式（5.2）中，重点关注系数β_1，若β_1显著为正，那么管理者环境认知能够正向促进环境规制对于企业绿色技术创新的影响作用。

5.2 实证结果与分析

5.2.1 描述性分析

表5-2是模型主要变量的描述性统计。通过统计分析可以看出，就被解释变量绿色技术创新来看，样本企业的整体创新能力差异较大，这也表明样本覆盖了不同绿色创新能力的企业，具有广泛的代表性。从绿色技术创新专利的构成来看，更具难度、更具创新性的绿色发明专利整体数量要大大小于针对直接合规进行的绿色实用新型专利数量。解释变量环境规制（er）也覆盖了一个较大的区间，这说明各个地区环境规制的重视程度并不相同，但其标准差较小，说明各个地区对环境的重视程度较高，只有少数地区环境规制占所有政策的比例极小或极大。从调节变量管理者环境认知的统计数据可以看出，对环境规制的认知程度在样本企业管理者中存在较大差异，与极度重视绿色技术创新的企业相比，样本企业管理者的环境认知程度并不高，标准差也显示环境认知相对不足的企业管理者是主流。从控制变量的数值可以对样本进行更进一步的描述，结合几项指标可以看出样本企业总体资产规模为中大型企业，体现了绿色技术创新对资本投入的依赖性，中大型企业立足于环境合规以及长期发展更有可能选择以绿色基础创新的方式进行企业的绿色改造与升级。资产负债率的最小值为负数，说明样本中也包括当年资产增长为负的企业，这种资本增量特征也是企业在发展经营中的一种典型形态，代表了增长受阻企业在面对环境规制时期绿色技术创新所受到的影响。从企业两个负债率指标——资产负债率（Lev）和金融负债比率（Finlev）来看，其区间均覆盖极广，机构投资者持股比例（Inst）也覆盖了几乎所有区间，均值在0.5以上表明样本企业的机构持股比例超过半数，前述控制变量的统计数据都表明各种资本构成

的公司均包括在样本中。

表 5-2 模型主要变量的描述性统计分析

Variable	N	Mean	SD	Min	Max
lnPa	3 081	0. 405	0. 829	0	6. 468
lnIn	3 081	0. 193	0. 549	0	6. 273
lnUT	3 081	0. 302	0. 714	0	5. 288
er	3 081	0. 006	0. 002	0. 001	0. 011
ren	3 081	1. 813	1. 509	0. 106	6. 197
size	3 081	23. 15	1. 332	19. 34	28. 51
tagr	3 081	0. 107	0. 223	-0. 379	2. 286
Lev	3 081	0. 540	0. 185	0. 056	0. 979
Inst	3 081	0. 502	0. 198	0	0. 859
Finlev	3 081	0. 530	0. 233	0	0. 974

对各解释变量进行过程共线性进行检验（见表 5-3），结果表明本章选取的解释变量 VIF 值越接近于 1，变量之间越不存在多重共线性问题。而方差膨胀系数相对较小，表示所选取的自变量的容忍度越大，不存在严重的共线性问题。

表 5-3 各解释变量方差膨胀因子 VIF

变量	er	size	tagr	Lev	Inst	Finlev	Mean VIF
VIF	1. 004	1. 478	1. 013	1. 315	1. 235	1. 118	1. 194
1/VIF	0. 996	0. 676	0. 988	0. 760	0. 810	0. 895	0. 854

5. 2. 2 绿色技术创新影响程度分析

对面板数据进行 Hausman 检验，判断选择固定效应模型还是随机效应模型。结果显示，Hausman 检验 Chi2 = 133. 89，在 1%的显著性水平下拒绝原假设，因而选择固定效应模型进行估计。表 5-4 针对环境规制和绿色技术分析进行回归分析。结果表明，环境规制在 1%显著性水平上对企业绿色技术创新有显著正向影响且影响程度较大。针对企业、地区和行业的固定效应模型都表明环境规制对企业绿色技术创新的影响强烈而显著。

表 5-4 环境规制与企业绿色创新回归结果

变量	模型（1）	模型（2）	模型（3）	模型（4）
	RE	FE	FE	FE
	lnPa	lnPa	lnPa	lnPa
er	15.467***	20.045***	21.002***	21.214***
	(2.813)	(3.405)	(3.553)	(3.533)
size	0.229***	0.237***	0.242***	0.265***
	(14.764)	(9.678)	(9.761)	(10.202)
tagr	-0.103**	-0.083*	-0.082*	-0.087*
	(-2.307)	(-1.736)	(-1.705)	(-1.801)
Lev	-0.171*	-0.354***	-0.343***	-0.287**
	(-1.855)	(-2.990)	(-2.832)	(-2.301)
Inst	-0.016	0.117	0.131	0.114
	(-0.210)	(1.286)	(1.425)	(1.208)
Finlev	-0.150**	0.160	0.171*	0.175*
	(-2.048)	(1.629)	(1.729)	(1.736)
企业固定效应	否	是	是	是
地区固定效应	否	否	是	是
行业固定效应	否	否	否	是
_cons	-4.806***	-5.135***	-5.251***	-5.387***
	(-14.343)	(-9.339)	(-9.301)	(-7.276)
N	3 081	3 081	3 081	3 081
*r*2	0.145	0.058	0.067	0.084

注：***，**，*分别代表在1%，5%和10%的水平上显著。

针对绿色技术创新的异质性分析表明，环境规制对基础性的绿色发明专利和应用型绿色实用新型专利的影响具有异质性（见表5-5）。在各种固定效应模型下，环境规制对绿色实用新型专利都表现出更强的直接促进作用。这说明企业采用绿色技术创新路径应对环境规制的过程中，更倾向于首先以末端治理的方式进行实用型的绿色创新，以直接达成环境规制为目的，而立足长远的绿色基础创新则受到环境规制的影响相对较小，说明绿色基础创新是能力积累和发展战略的综合作用的结果，除了直接合规的动因，环境规制对绿色技术创新的影响更间接而滞后。

表 5-5 专利类型的异质性

变量	(1)	(2)	(3)	(4)	(5)	(6)
	绿色发明专利			绿色实用新型专利		
er	13. 942***	14. 421***	15. 491***	16. 107***	17. 178***	16. 754***
	(3. 009)	(3. 094)	(3. 263)	(2. 926)	(3. 106)	(2. 981)
size	0. 145***	0. 148***	0. 160***	0. 170***	0. 172***	0. 191***
	(7. 514)	(7. 592)	(7. 823)	(7. 425)	(7. 419)	(7. 852)
tagr	-0. 108***	-0. 108***	-0. 113***	-0. 040	-0. 038	-0. 043
	(-2. 879)	(-2. 857)	(-2. 945)	(-0. 897)	(-0. 858)	(-0. 945)
Lev	-0. 101	-0. 095	-0. 077	-0. 347***	-0. 327***	-0. 280**
	(-1. 081)	(-1. 000)	(-0. 777)	(-3. 134)	(-2. 887)	(-2. 397)
Inst	0. 126*	0. 130*	0. 135*	0. 104	0. 126	0. 105
	(1. 759)	(1. 798)	(1. 810)	(1. 228)	(1. 466)	(1. 194)
Finlev	0. 104	0. 114	0. 122	0. 112	0. 113	0. 114
	(1. 353)	(1. 466)	(1. 529)	(1. 227)	(1. 224)	(1. 207)
企业固定效应	是	是	是	是	是	是
地区固定效应	否	是	是	否	是	是
行业固定效应	否	否	是	否	否	是
_ cons	-3. 289***	-3. 364***	-3. 821***	-3. 643***	-3. 708***	-3. 492***
	(-7. 600)	(-7. 558)	(-6. 528)	(-7. 086)	(-7. 020)	(-5. 040)
N	3 081	3 081	3 081	3 081	3 081	3 081
r2	0. 041	0. 047	0. 059	0. 038	0. 046	0. 062

注：***，**，*分别代表在 1%，5%和 10%的水平上显著。

表 5-6 为进行了内生性检验的 2SLS 回归结果，选取用通风系数（ventil）作为环境规制的工具变量。可知，*F* 统计量均大于 10，这进一步说明了工具变量选择的合理性。

表 5-6 基准回归的内生性检验

变量	(1)	(2)	(3)	(4)	(5)	(6)
	绿色专利		绿色发明专利		绿色实用新型专利	
	第一阶段	第二阶段	第一阶段	第二阶段	第一阶段	第二阶段
ventil	-0. 000***		-0. 000***		-0. 000***	
	(-8. 493)		(-8. 493)		(-8. 493)	

表 5-6（续）

	(1)	(2)	(3)	(4)	(5)	(6)
	绿色专利		绿色发明专利		绿色实用新型专利	
	第一阶段	第二阶段	第一阶段	第二阶段	第一阶段	第二阶段
er		99.946**		55.385*		80.949**
		(2.247)		(1.797)		(2.097)
size	0.000***	0.257***	0.000***	0.147***	0.000***	0.205***
	(3.294)	(19.247)	(3.294)	(15.825)	(3.294)	(17.650)
tagr	-0.000**	-0.132**	-0.000**	-0.115***	-0.000**	-0.084
	(-2.122)	(-2.172)	(-2.122)	(-2.711)	(-2.122)	(-1.593)
Lev	-0.001***	-0.061	-0.001***	0.041	-0.001***	-0.097
	(-3.357)	(-0.641)	(-3.357)	(0.630)	(-3.357)	(-1.188)
Inst	0.000	-0.127*	0.000	-0.036	0.000	-0.137**
	(0.882)	(-1.665)	(0.882)	(-0.682)	(0.882)	(-2.070)
Finlev	0.000	-0.330***	0.000	-0.250***	0.000	-0.224***
	(1.580)	(-4.526)	(1.580)	(-4.941)	(1.580)	(-3.536)
size	0.000***	0.257***	0.000***	0.147***	0.000***	0.205***
	(3.294)	(19.247)	(3.294)	(15.825)	(3.294)	(17.650)
企业固定效应	是	是	是	是	是	是
地区固定效应	是	是	是	是	是	是
行业固定效应	是	是	是	是	是	是
Constant	0.004***	-5.337***	0.004***	-3.241***	0.004***	-4.162***
	(5.684)	(-16.196)	(5.684)	(-14.197)	(5.684)	(-14.556)
F 值	72.130 8		72.130 8		72.130 8	
N	3 080	3 080	3 080	3 080	3 080	3 080
*r*2	0.059	0.258	0.059	0.187	0.059	0.246

注：***，**，* 分别代表在 1%，5%和 10%的水平上显著。

5.2.3 实证结果分析

在前述结果的基础上，对管理者环境认知的调节作用进行了定量分析（见表 5-7）。在这里，重点关注交互项 er×ren 的系数。其中，对于绿色专利和绿色发明专利来说，交互项 er×ren 的系数显著为正，说明了管理者环境认知使得环境规制正向影响绿色专利和绿色发明专利的程度更大，而对绿色实用新型专利的影响不显著。

表 5-7 管理者环境认知的调节作用

变量	(1)	(2)	(3)	(4)	(5)	(6)
	绿色专利		绿色发明专利		绿色实用新型专利	
er	2.947***	3.521***	3.187***	2.961***	1.234***	1.294***
	(3.768)	(4.031)	(3.815)	(3.544)	(2.327)	(2.537)
ren	-0.037	-0.037	-0.046**	-0.047**	-0.013	-0.011
	(-1.496)	(-1.441)	(-2.327)	(-2.325)	(-0.541)	(-0.446)
er×ren	7.057*	6.281*	10.687***	10.510***	2.632	1.860
	(1.911)	(1.666)	(3.688)	(3.534)	(0.762)	(0.527)
size	0.236***	0.266***	0.135***	0.152***	0.169***	0.191***
	(8.936)	(9.533)	(6.525)	(6.885)	(6.824)	(7.304)
tagr	-0.081*	-0.086*	-0.101***	-0.106***	-0.039	-0.043
	(-1.682)	(-1.773)	(-2.675)	(-2.757)	(-0.863)	(-0.932)
Lev	-0.374***	-0.301**	-0.156	-0.132	-0.358***	-0.284**
	(-3.059)	(-2.342)	(-1.628)	(-1.307)	(-3.123)	(-2.363)
INST	0.123	0.119	0.138*	0.146*	0.107	0.107
	(1.355)	(1.259)	(1.927)	(1.961)	(1.257)	(1.210)
Finlev	0.164*	0.180*	0.110	0.128	0.114	0.116
	(1.673)	(1.781)	(1.436)	(1.609)	(1.243)	(1.221)
企业固定效应	是	是	是	是	是	是
地区固定效应	否	是	否	是	否	是
行业固定效应	否	是	否	是	否	是
_cons	-5.042***	-5.354***	-2.966***	-3.509***	-3.587***	-3.479***
	(-8.512)	(-6.891)	(-6.379)	(-5.727)	(-6.472)	(-4.782)
N	3 081	3 081	3 081	3 081	3 081	3 081
*r*2	0.060	0.085	0.048	0.065	0.038	0.062

注：***，**，*分别代表在1%，5%和10%的水平上显著。

表 5-8 对调节效应通过同样的方式进行了内生性检验，为 2SLS 回归结果，选取用通风系数（ventil）作为环境规制的工具变量。*F* 统计量均大于 10，这进一步说明了工具变量选择的合理性。

表 5-8 调节效应的内生性检验

变量	(1)	(2)	(3)	(4)	(5)	(6)
	绿色专利		绿色发明专利		绿色实用新型专利	
	第一阶段	第二阶段	第一阶段	第二阶段	第一阶段	第二阶段
Ventil×ren	-0.000***		-0.000***		-0.000***	
	(-9.265)		(-9.265)		(-9.265)	

表 5-8（续）

	(1)	(2)	(3)	(4)	(5)	(6)
	绿色专利		绿色发明专利		绿色实用新型专利	
	第一阶段	第二阶段	第一阶段	第二阶段	第一阶段	第二阶段
er×ren		54.194**		38.654**		33.013
		(2.018)		(2.058)		(1.421)
er	1.757***	-92.373*	1.757***	-65.704*	1.757***	-53.573
	(64.499)	(-1.902)	(64.499)	(-1.933)	(64.499)	(-1.275)
ren	0.007***	-0.356**	0.007***	-0.254**	0.007***	-0.217
	(72.042)	(-2.258)	(72.042)	(-2.298)	(72.042)	(-1.593)
size	0.000	0.287***	0.000	0.166***	0.000	0.225***
	(0.543)	(19.442)	(0.543)	(16.082)	(0.543)	(17.594)
tagr	0.000	-0.180***	0.000	-0.144***	0.000	-0.119**
	(0.279)	(-3.056)	(0.279)	(-3.481)	(0.279)	(-2.328)
Lev	0.001	-0.071	0.001	0.045	0.001	-0.116
	(1.618)	(-0.745)	(1.618)	(0.666)	(1.618)	(-1.399)
Inst	-0.000	-0.129*	-0.000	-0.039	-0.000	-0.136**
	(-0.126)	(-1.705)	(-0.126)	(-0.744)	(-0.126)	(-2.080)
Finlev	-0.000	-0.271***	-0.000	-0.212***	-0.000	-0.183***
	(-1.583)	(-3.752)	(-1.583)	(-4.197)	(-1.583)	(-2.927)
企业固定效应	是	是	是	是	是	是
地区固定效应	是	是	是	是	是	是
行业固定效应	是	是	是	是	是	是
Constant	-0.011***	-4.868***	-0.011***	-2.964***	-0.011***	-3.814***
	(-8.534)	(-11.083)	(-8.534)	(-9.646)	(-8.534)	(-10.040)
F	85.833 7		85.833 7		85.833 7	
N	3 080	3 080	3 080	3 080	3 080	3 080
R-squared	0.920	0.278	0.920	0.193	0.920	0.270

注：***，**，*分别代表在1%，5%和10%的水平上显著。

在控制变量中加入应收类资产比率（arnr）、现金流比率（cash）以及营业收入增长率（growth），更全面刻画样本企业特征的同时，进一步降低关键遗漏变量可能产生的内生性问题（见表 5-9）。

表 5-9　稳健性检验结果

变量	(1) 绿色专利	(2) 绿色发明专利	(3) 绿色实用新型专利
er	3.150***	3.016***	2.278*
	(3.885)	(3.717)	(1.921)
ren	-0.044*	-0.053***	-0.016
	(-1.733)	(-2.622)	(-0.654)

表5-9(续)

变量	(1) 绿色专利	(2) 绿色发明专利	(3) 绿色实用新型专利
c. er#c. ren	6. 630*	10. 899***	2. 051
	(1. 762)	(3. 670)	(0. 581)
size	0. 285***	0. 164***	0. 205***
	(10. 122)	(7. 379)	(7. 762)
tagr	-0. 038	-0. 069*	-0. 011
	(-0. 749)	(-1. 738)	(-0. 233)
Lev	-0. 283**	-0. 128	-0. 264**
	(-2. 195)	(-1. 262)	(-2. 187)
INST	0. 102	0. 134*	0. 097
	(1. 082)	(1. 807)	(1. 103)
Finlev	0. 173*	0. 121	0. 120
	(1. 706)	(1. 513)	(1. 259)
arnr	0. 843***	0. 597***	0. 794***
	(3. 235)	(2. 900)	(3. 245)
growth	-0. 091***	-0. 057***	-0. 066***
	(-3. 594)	(-2. 876)	(-2. 804)
cash	-0. 117	-0. 176	0. 015
	(-0. 642)	(-1. 218)	(0. 088)
企业固定效应	是	是	是
地区固定效应	是	是	是
行业固定效应	是	是	是
_ cons	-5. 809***	-3. 794***	-3. 855***
	(-7. 437)	(-6. 152)	(-5. 263)
N	3 081	3 081	3 081

注：***，**，*分别代表在1%，5%和10%的水平上显著。

在上一节的分析中提到，环境规制的影响具有明显滞后的特征，不同类型的环境规制对企业产生影响的响应速度和作用周期不同。例如行政命令型的环境规制会在短期内对企业产生剧烈影响，而某些正向激励型的环境规制比如绿色技术创新减免税激励等，利用市场机制进行调节则需要较长的时间发挥作用，而企业在应对不同类型环境规制时选择的绿色技术创新策略与方式都不相同，其中管理者环境认知会产生程度与方向各异的调节作用。因此，本节选择环境规制滞后1-4期进行回归（见表5-10），交互项系数均显著。

表 5-10 环境规制的时期延滞检验

变量	(1)绿色专利	(2)绿色发明专利	(3)绿色实用新型专利	(4)绿色专利	(5)绿色发明专利	(6)绿色实用新型专利	(7)绿色专利	(8)绿色发明专利	(9)绿色实用新型专利	(10)绿色专利	(11)绿色发明专利	(12)绿色实用新型专利
L. er	3.045***	3.588***	3.739***									
	(3.069)	(3.529)	(3.606)									
L2. er				2.887**	2.451***	3.456***						
				(2.292)	(2.592)	(2.363)						
L3. er							3.079***	3.365***	2.474***			
							(3.075)	(3.462)	(3.008)			
L4. er										3.665***	3.057***	2.806*
										(3.344)	(3.180)	(2.062)
ren	-0.087***	-0.055**	-0.059**	-0.076**	-0.054**	-0.047	-0.062*	-0.088***	-0.020	-0.070	-0.078**	-0.011
	(-3.082)	(-2.415)	(-2.218)	(-2.492)	(-2.228)	(-1.598)	(-1.687)	(-2.822)	(-0.566)	(-1.565)	(-2.045)	(-0.247)
er×ren	15.374***	12.536***	11.007***	11.447***	8.842***	8.339**	14.111***	16.272***	7.849*	13.950**	15.664***	5.373
	(4.497)	(4.570)	(3.433)	(3.211)	(3.133)	(2.429)	(3.157)	(4.260)	(1.867)	(2.570)	(3.418)	(1.038)
size	0.301***	0.197***	0.201***	0.278***	0.180***	0.184***	0.233***	0.237***	0.146**	0.244***	0.172**	0.136
	(6.372)	(5.206)	(4.529)	(4.668)	(3.809)	(3.210)	(3.273)	(3.889)	(2.186)	(2.791)	(2.331)	(1.636)
tagr	-0.061	-0.104*	-0.022	-0.100	-0.187***	-0.018	-0.116	-0.232***	-0.028	-0.047	-0.183	0.070
	(-0.795)	(-1.693)	(-0.301)	(-1.175)	(-2.779)	(-0.214)	(-1.116)	(-2.605)	(-0.284)	(-0.302)	(-1.383)	(0.466)
Lev	-0.433**	-0.145	-0.389**	-0.181	0.037	-0.191	-0.210	-0.045	-0.222	-0.177	-0.037	-0.090
	(-2.166)	(-0.903)	(-2.076)	(-0.829)	(0.215)	(-0.906)	(-0.853)	(-0.211)	(-0.955)	(-0.539)	(-0.133)	(-0.288)
INST	-0.060	0.088	-0.029	0.091	0.103	0.104	-0.090	0.018	-0.034	0.154	-0.049	0.244
	(-0.407)	(0.747)	(-0.209)	(0.526)	(0.750)	(0.623)	(-0.440)	(0.105)	(-0.177)	(0.567)	(-0.214)	(0.944)

表5-10(续)

变量	(1) 绿色专利	(2) 绿色发明专利	(3) 绿色实用新型专利	(4) 绿色专利	(5) 绿色发明专利	(6) 绿色实用新型专利	(7) 绿色专利	(8) 绿色发明专利	(9) 绿色实用新型专利	(10) 绿色专利	(11) 绿色发明专利	(12) 绿色实用新型专利
Finlev	0. 082	0. 085	0. 082	0. 054	-0. 009	0. 056	0. 103	0. 359 **	-0. 076	-0. 113	0. 420 *	-0. 481 *
	(0. 526)	(0. 680)	(0. 565)	(0. 308)	(-0. 062)	(0. 329)	(0. 483)	(1. 975)	(-0. 381)	(-0. 411)	(1. 810)	(-1. 834)
企业固定效应	是	是	是	是	是	是	是	是	是	是	是	是
地区固定效应	是	是	是	是	是	是	是	是	是	是	是	是
行业固定效应	是	是	是	是	是	是	是	是	是	是	是	是
_ cons	-6. 217 ***	-4. 235 ***	-4. 097 ***	-5. 959 ***	-4. 122 ***	-3. 858 ***	-4. 822 ***	-5. 490 ***	-2. 846 *	-5. 134 **	-3. 995 **	-2. 671
	(-5. 537)	(-4. 701)	(-3. 890)	(-4. 274)	(-3. 734)	(-2. 872)	(-2. 927)	(-3. 900)	(-1. 838)	(-2. 536)	(-2. 338)	(-1. 384)
N	1 821	1 821	1 821	1 420	1 420	1 420	1 086	1 086	1 086	831	831	831
r2_ b	0. 030	0. 040	0. 015	0. 094	0. 016	0. 057	0. 191	0. 047	0. 193	0. 117	0. 048	0. 103

注：***，**，*分别代表在1%，5%和10%的水平上显著。

滞后期环境规制数据显示了和不同类型绿色技术创新的显著相关性，这说明环境规制的作用具有显著的长效作用。值得注意的是，无论是绿色发明专利还是绿色实用技术创新，环境规制对绿色技术创新的作用强度并没有递减的趋势，说明企业以绿色技术创新应对环境规制的周期普遍比较长，需要一个逐步发展和完善的过程。绿色实用技术创新受到环境规制的影响在第一年最强，其后都显著减弱，而绿色发明专利则保持了一个波动中增强的趋势。环境规制对于实用性质的专利创新影响更快速，对于基础性的绿色专利影响有明显的长尾效应。管理者环境认知也表现出与各类绿色技术创新的显著负相关特征，但影响的强度远小于环境规制，即管理者环境认知程度越高，企业绿色创新越受到抑制，但这个抑制在环境规制下几乎可以忽略。这也说明了环境规制这一外部压力才是企业进行绿色技术创新的主导动因，而不是管理者内部认知这一内因。管理者环境认知对滞后期环境规制促进企业绿色技术创新发挥显著正向调节作用，但这个调节作用随着时间的推移在绿色新型实用专利这一类别上有显著减弱的趋势。

通过对管理者环境认知调节效应的研究可知，对于环境规制促进企业的绿色技术创新，管理者环境认知发挥了重要的调节作用（假设 H1），而且可以看出这个调节作用是正向的（假设 H2）。环境规制对不同类型的绿色技术创新有异质性影响，其中的深层原因在于环境规制对于绿色技术创新的不同促进机制，比如对于更高含金量和创造性的绿色发明专利其应对的就是更长期的环境规制，而且这类绿色技术创新的未来性也更利于其与市场型环境规制进行耦合，使外部环境规制与内部技术创新成为创新性战略发展的一部分。因此这种主导就更依赖于管理者对于市场、环境规制、行业绿色发展趋势、企业创新能力的综合判断，于是管理者环境认知就起到了更显著的调节作用。而针对终末端污染治理或者短期环境达标的实用新型绿色技术创新，事实上是以短期直接合规为目的的，管理者的环境认知对其调节作用就大大减弱，即无论管理者是否认识到环境保护的重要性及其潜在的市场价值，都会存在较大可能以绿色实用新型发明等方式帮助企业达成外界环境规制的要求。绿色实用新型发明因其较低的投入、较低的失败率以及短平快的特性，往往成为企业在追求短期经济利益最大化时的一种主要发展路径，尤其是在需要满足外界环境规制要求的情况下。

5.3 研究结论

从上述分析可知，管理者环境认知在环境规制与企业绿色创新中发挥了重要的调节作用，而且这个作用是正向强化的，即更高的管理者环境认知程度会强化环境规制对企业绿色创新的促进作用，而更低的管理者环境认知程度弱化了环境规制对企业绿色创新的促进作用。这个调节作用对于不同的绿色创新类型呈现出的强度也不同，对于基础性的绿色专利，管理者环境认知表现出显著的正向调节作用，而这个调节作用在多数针对污染治理的绿色实用新型专利上则并不显著，这说明管理者环境认知是通过作用于长期持续的绿色技术投入以及战略层面来完成对环境规制与绿色技术创新的正向调节，对于短期合规的企业绿色创新行为，管理者环境认知程度的高低并不会导致差异化的结果。结合上一章的分析，说明管理者环境认知对于环境规制与企业绿色创新的调节机制是复杂的，即多种路径综合作用的结果。

基于上述研究结论，针对企业提高管理者环境认知以及强化管理者环境认知对于环境规制促进绿色技术创新的正向调节作用笔者提出以下建议。第一，有针对性地提升各类企业管理者的环境认知。一方面，要有针对性地强化企业管理者环境认知宣传，围绕增强管理者环境认知进行一系列干预。在企业的管理层中形成一种绿色发展共识，将这种共识融入企业文化，并采用各种手段对于管理者环境认知进行短期积极的正反馈。采用多元化的形式将环境认知的要求、优势以更加直接有效的方式传达给企业管理者，从而在整个企业形成一种提升环境认知的氛围，为企业应对环境规制和进行绿色技术创新提供良好条件。另一方面，有关部门可以组织对管理者进行环境认知的学习，或者要求设置相关的绿色发展及创新部门。以定期交流、培训等机制集中对管理者的环境认知进行针对性提高，通过大量典型案例和正面宣传来加深管理者对环境保护和绿色发展的理解，通过主管部门全方位的手段最大限度地激发管理者对环境认知的理解和认知，从而为制造业企业的绿色发展奠定坚实的理论基础，进而提升企业绿色技术创新的能力与绩效。第二，以整体绿色创新能力带来的收益强化管理者环境认知。绿色创新会给企业带来可见的收益，也会影响绿色发展升级过程中每一位员工的认知和行为，有效的正向反馈会在企业内部形成绿色文化。这不但可以帮助管理者持续地进行绿色技术创新的投入，还能够调动全体员工对绿色技术创新的积极性，可以减小企业环境规制要求下采取绿色技术创新时遇到的阻力，为管理者继续强化环境规制下企业的绿色技术创新打下良好的基础。可以以课程、交流、活动等多种方式更好地让全体管理者达成绿色技术创新的共识，进而自上而下影响整个企业。把绿色技术创新纳入企业规章制度，为企业绿色创新提供硬性制度保障的同时，从物质和精神两个层面奖励对绿色技术创新做出贡献的管理者和员工，从而最大化环境规制对于绿色创新能力的促进作用。绿色技术创新的核心就是能力积累和水平提升，这都是企业发展的核心因素，因此管理者也要从具体执行层面慎重决策，在产品生产中引进和使用绿色技术，采用创新性对环境影响程度小的工艺进行升级，通过绿色技术创新进一步提升企业的可持续发展的绿色发展能力。第三，以公众环境意识强化企业环境责任，强化管理者环境认知的正向调节作用。目前我国生产者的环境责任制度是在持续建立和强化的，发达国家通过长期实践污染控制、废弃物管理的责任制已经扩展到产品的整个周期，这也直接带动了公众环境意识的极大增强，带动了管理者环境认知的主动和被动提升，使其在应对环境规制进行绿色创新时更全面地考虑到各个环节和层面的环境合规。环境信息披露机制和渠道的不断多元化也强化了公众对于管理者环境认知的要求。不仅仅只是针对上市公司实行环境信息披露制度，广泛的公众监督和举报渠道对于没有上市的中小型企业也逐渐形成了制约，传统管理者环境认知普遍较为薄弱的中小型企业在广泛环境信息披露机制的完善过程中，受到了越来越全面的公众环境监督，可以有效提升中小型管理者的环境认知，为各种类型和规模的企业在环境规制下进行绿色技术创新提供了充分的条件。此外，中小型企业的管理者需要意识到绿色转型才能实现企业健康可持续发展，企业的绿色创高新能力则是实现这一发展战略的核心。要从管理者自身开始由上而下地梳理企业绿色创高新能力和环境保护的氛围，将绿色发展融入企业文化使之成为企业的软实力，采用有效的奖惩制度鼓励员工的绿色行为，尤其是绿色技术创新贡献，依据强化理论形成整个企业层面的效仿，对企业实施绿色创新形成内生性动力。

5.4 本章小结

本章将多种固定模型用于样本企业管理者环境认知对于环境规制促进企业绿色技术创新的调节效应研究中，得出企业管理者环境认知具有重要正向调节作用的结论。同时还探讨了不同的管理者环境认知情形下，环境规制对于不同类型绿色技术创新调节作用的差异性，着重分析管理者环境认知对于绿色技术创新的复杂内在逻辑，而不仅仅是环境规制带来的企业创新结果。本章的内容强调了管理者环境认知对于环境规制促进企业技术创新行为后果的同时，也根据这一结果及其相关分析给出了多层次的政策建议。

6 环境规制条件下企业绿色技术创新提升模式设计

6.1 QCA 模型

QCA（qualitative comparative analysis）方法，是始于 20 世纪 80 年代，由 Charles 等学者发展起来，旨在对中小型规模的案例进行定性对比分析的研究框架。该方法结合了质性和量化手段，以应对人文社科领域的问题。如先前的实证分析所示，绿色技术创新的提升受到多种因素的相互依赖和共同作用，这些因素构成了一个系统。因此，提高绿色技术创新水平需要从整体的视角出发，对这些因素进行综合考量和组合。

6.1.1 QCA 研究方法的选择

QCA 方法目前主要有三种变体：清晰集定性对比研究（csQCA）、多值定性比较研究（mvQCA）和模糊集定性比较研究（fsQCA）。csQCA 方法主要用于处理由逻辑变量构成的样本，这些变量仅表现为 0 或 1。尽管 csQCA 的操作较为简单，但在将因素简化为 0 或 1 的过程中可能会丢失重要信息，从而导致结果与实际情况出现偏差。mvQCA 是对 csQCA 的扩展，它不仅能够处理逻辑变量，还可以处理离散变量。fsQCA 则在 csQCA 和 mvQCA 的基础上进一步拓宽了变量选择范围，适用于连续变量。此外，fsQCA 通过模糊化处理，能够将真值表进行转换，结合了定性与定量的优势。

本章选择使用 fsQCA 方法进行研究的原因主要包括以下几点：首先，与传统因果关系模型关注自变量和因变量之间的数量联系不同，fsQCA 方法更注重考察前因条件与结果之间的逻辑联系。本章通过结合 fsQCA 方法和前文使用的灰色关联模型，全面探讨了绿色技术创新的影响因素和提升策略。其次，在传统因果关系模型中，研究重点是变量间的显著性和影响力度，而 fsQCA 方法将因变量视为最终成果，将自变量视为实现这一成果的必要条件。fsQCA 方法还能够从系统角度出发，组合不同的影响因素，寻找实现目标的多重组合路径。最后，传统因果关系模型的假设条件较为严格，要求自变量和因变量之间存在对称关系，通过系数判断两者之间的联系。然而，在现实世界中，非对称的关系也是常见的。fsQCA 方法能够有效处理对称和非对称的集合关系，这是传统因果关系模型无法解决的问题。

6.1.2 fsQCA 研究方法介绍

韦伯式思想试验在 fsQCA 方法中扮演着核心角色，它基于布尔代数理论，从集合的视角来探讨不同因素如何以多种方式组合以引发特定的最终结果。在分析某一结果时，实现该结果的可能路径并非单一，布尔代数中使用不同的符号来表示“且”（*）、“非”（~）和“或”（+）。fsQCA 方法中的两个关键指标是覆盖度和重要性，通过计算和筛选这两个指标，可以揭示不同的组合模式。一致性衡量的是组合原始信息与组合信息之间的包含关系，而覆盖度则体现了不同组合模式对最终结果的解释力。一致性与覆盖度的公式如下：

$$\text{consistency}(X \leqslant Y) = \sum \min(x_i,\ y_i) / \sum x_i \tag{6.1}$$

$$\text{coverage}(X \leqslant Y) = \sum \min(x_i,\ y_i) / \sum y_i \tag{6.2}$$

式（6.1）和式（6.2）中，x_i 表示导致最终结果的各类因素，$\text{consistency}(X \leqslant Y)$ 表示样本在组合模式中的隶属度，y_i 是最终结果，$\text{coverage}(X \leqslant Y)$ 表示样本在结果中的隶属度。一致性值与覆盖度的取值范围是［0，1］，一致性与覆盖度的值越大，表明样本的隶属度越大，组合模式的样本能够较大程度反映原始数据的信息，组合模式能够较大程度达到最终结果。

6.1.3 fsQCA 研究方法步骤

6.1.3.1 校准变量

校准变量是建立组合模式的基础，这涉及为变量设定集合的隶属度和确立适当的临界值。在实际研究中，通常不会有成熟的临界值可以直接应用，因此，一种可靠的做法是依据样本数据的特点和分析结果来设定临界值。研究者通常会参考现有文献，并根据数据的分布特征以及上下百分位数来确定隶属度。在学术界，两种方法尤为常见：三值模糊集校准法和四值模糊集校准法。前者将隶属度分为三个边界值：完全隶属点、交叉隶属点和完全不隶属点；而后者则将其分为四个边界值：完全隶属点、偏隶属点、偏不隶属点和完全不隶属点。也有研究者将这两种方法相结合来确定边界值。

6.1.3.2 检验必要条件

在分析最终成果时，fsQCA3.0 软件简化的解可能会忽略一些关键因素，尽管它们对原始数据集的解释力很强。因此，在应用 fsQCA3.0 软件之前，进行单独因素的分析是至关重要的。必要条件检验的目标是判断某个集合是否足以导致期望的结果，即确定该因素是否在所有情况下都对结果产生影响。在这个过程中，软件将提供一致性和覆盖度两个关键指标，它们对于评估一个因素的必要性起着决定性作用。

6.1.3.3 构建真值表

对经过校准和检验的因素值进行处理，使其变为 fsQCA3.0 软件可以理解的、隶属度明确的样本数据。接着创建一个 2 的 k 次方行的真值表，其中 k 代表变量的数量。每个表格的行代表了一种特定的组合模式。通过设定一致性阈值和样本频数标准，对各种组合模式进行筛选，剔除不符合要求的组合。留下的组合模式被视为具有较强解释力、能够实现既定目标的组合。

6.1.3.4 条件组合分析

从原始数据中产生的多样化结果较为复杂，未经反事实分析的复杂结果往往展现出更多的组合形态。相较之下，若仅进行反事实分析，则可能只会出现与既有理论和现实情境相符的少数组合模式，这并不足以充分解释最终的结果。中间解在解释结果和控制复杂性之间提供了一个平衡，因此它成为 QCA 研究者在学术探索中的焦点。基于此，本书选择以中间解为分析视角。

6.2 前因条件要素与结果要素数据处理与分析

6.2.1 前因条件要素与结果要素

本书综合了现有文献，对绿色技术创新的影响因素展开了全方位的整合，包括政府监管、市场监管和认知维度等相关方面。图 6-1 描述了绿色技术创新研究下的市场、制度和技术的三维框架，研究绿色技术创新的发展路径。

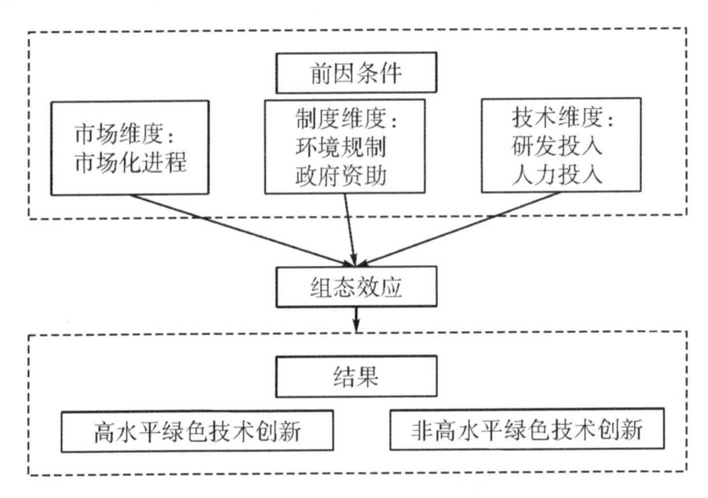

图 6-1 前因条件要素与结果要素

6.2.1.1 市场维度

为了促进绿色技术创新，市场化进程是必不可少的。由于中国拥有庞大的国内市场，绿色技术创新有更大的盈利空间，但在此基础上其巨大的规模在一定程度上掩盖了不均衡性和不稳定性。中国不同地区的市场成熟度差异很大，国内消费者的不同需求及其行为波动，导致了市场的高度动荡和相互关联，对企业的绿色技术创新行为产生了重大影响。对其他条件不利的是，非市场化的要素市场对绿色创新水平有负面影响，降低绿色创新水平；而成熟完善的市场化机制对于资源配置效率有着显著的促进作用，通过“看不见的手”不仅提供环境污染治理的思路，而且与其他条件协作提高其有效性，使技术要素在市场机制下得以转移，最终支持绿色技术创新。绿色技术创新的市场化至关重要的原因有很多，本书以此作为市场层面的一个主要标志，考察其对各地区创新水平所带来的影响。

6.2.1.2 制度维度

企业技术创新的发展受到制度环境的显著影响，其中制度环境被划分为环境监管与政府资助这两项二级指标。在中国特定的制度背景下，强势治理模式的重要性不容忽视。政府依据“集中力量办大事”的思路，通过结合限制性和支持性措施，对资源配置及经济行为进行调控，旨在推动绿色科技创新。这些措施包括三种类型的约束性手段：一是制定强制性措施，例如环境标准和罚款；二是实施支持性措施，比如环境税、排放费和可交易排放许可证；三是采取自愿性措施，例如公众自发监督等。学术界关于环境规制对绿色技术创新影响的认识存在分歧。一方面，根据“创新补偿理论”，环境规制促使企业升级绿色技术，用创新获得的收益来覆盖环保成本，这一观点已得到一些学者的验证，形成了著名的“波特假说”。另一方面，“遵循成本假说”认为环境规制增加了企业保护环境的经济负担，导致研发预算受到限制，从而抑制了绿色技术的进步。政府支持措施中的政府资助旨在通过提供研发资金来激励企业开发绿色技术，学术界对其与绿色技术创新之间的关系也存在争议。支持者认为政府的研发资金可以减少信息不对称，通过信号传递吸引投资，降低企业研发成本和风险，并利用企业的杠杆效应促进研发投入，从而推动绿色技术创新。而持反对意见的学者认为，政府研发资助可能会通过挤出效应减少企业的研发投入，对绿色技术创新产生逆向阻碍作用；也有研究者认为，杠杆效应和挤出效应的影响因地区差异而在不同阶段轮换。综上所述，环境规制和政府资助在促进地区绿色技术创新方面具有重要作用，但同时也显示出复杂性，因此需要通过实证研究来验证。本书将它们视为制度层面的基本指标，并探讨了它们对不同地区绿色技术创新数量的影响。

6.2.1.3 认知维度

管理者环境认知是绿色技术创新成功的重要决定因素，它可以进一步细分为两个子指标：R&D 经费投入和 R&D 人员投入。根据技术竞争理论，一个公司产生新想法的能力与它手头的创新资源数量直接相关。绿色技术创新的经济效益和环境效益同时存在，该效应也被资源型理论学者认为是吸引技术投资的主要动力。2001—2010 年，日本公司数据表明，研发支出的数量与公司在绿色技术领域的创新能力存在正相关的关系。在此基础上进一步细分时，一些研究表明 R&D 经费投入和 R&D 人员投入之间存在很大的差异性。根据研究，相对于 R&D 经费投入而言，R&D 人员投入更受要素市场扭曲的影响。R&D 经费投入对产业绿色发展效率有正向影响，但 R&D 人员投入对绿色发展效率有负向影响，这是由于西部地区缺乏创新与传统要素的协同治理。基于此，本章对于 R&D 经费和 R&D 人员投入对不同地区绿色技术创新发展的影响展开了进一步研究。

6.2.2 校准分析

为了将案例数据转化为集合隶属度，必须进行校准。这个过程通过设定三个关键点——1（完全属于某个集合）、0.5（处于某个集合的模糊边界）和 0（完全不属于某个集合）——在 0 到 1 的范围内赋予数值隶属度来完成。传统上，测量指标通过排序来确定其相对价值，但这些值会随着考察案例整体水平的变化而变化。校准则结合了知识和案例，确立了绿色技术创新高值集合的模糊边界，并将定量指标（如绿色专利数量）转化为集合隶属度。在实证的第 5 章中，绿色专利与“高绿色技术创新”相关联，某个案例的隶属度为 0.9，意味着绿色专利“属于”高绿色技术创新的程度为 0.9。从 0 到 1 的关联度显示了一个案例与目标集合的紧密程度。通过布尔逻辑，模糊集的“非”操作表达了相反的概念。例如，如果一个案例在高绿色技术创新集合中的隶属度为 0.9，则在非高绿色技术创新集合中的隶属度为 0.1。在校准阶段，本书遵循了外部标准、合理性和透明度三个原则进行指导，即使用理论或综合事实（外部标准）在理论和实践的指导下（合理性）进行校准过程的详细解释（透明度）。

本书采用了 Ragin 提出的直接校准法。以往文献在变量分类上缺乏一致性，因此本章遵循合理性原则，对每个变量的数据进行了深入分析，并使用上（75%）、中（50%）、下（25%）四分位数作为完全关联、交叉关联和完全不关联的锚点。表 6-1 展示了具体的描述性统计分析和校准结果。

表 6-1　校准与描述性统计

变量	模糊集校准		
	完全隶属	最大模糊点	完全不隶属
	（75%）	（50%）	（25%）
绿色技术创新	4.097	2.048	9.433
市场化进程	8.141	6.949	5.424
环境规制	2.394	2.101	1.222
政府自主	0.032	0.017	0.011
R&D 经费投入	0.022	0.016	0.009
R&D 人员投入	30.734	18.877	10.060

6.2.3　QCA 必要条件分析

表 6-2 显示了本章利用 QCA 相关函数对绿色技术创新的高低先决条件进行分析的最终结果。其中一致性和覆盖度分别解决了三者之间的有效性和解释力的相关问题。一致性表示具备相应条件的案例集合中表现为特定结果的案例占比，覆盖度表示具备相应条件且表现出特定结果的案例覆盖了多大范围的结果案例。如果一个条件变量的一致性大于 0.90，则被认为是一个必要条件。如表 6-2 所示，研发投资（一致性>0.90）是高水平绿色技术创新的必要条件。结果显示不存在导致非高绿色技术创新的必要条件。

表 6-2　QCA 必要条件分析

条件变量	结果变量			
	高绿色技术创新		非高绿色技术创新	
	一致性	覆盖度	一致性	覆盖度
市场化进程	0.865	0.849	0.281	0.290
~市场化进程	0.276	0.268	0.854	0.869
环境规制	0.822	0.767	0.338	0.331
~环境规制	0.281	0.287	0.762	0.819
政府资助	0.836	0.806	0.333	0.338

表6-2（续）

条件变量	结果变量			
	高绿色技术创新		非高绿色技术创新	
	一致性	覆盖度	一致性	覆盖度
~政府资助	0.309	0.309	0.808	0.838
R&D 经费投入	0.909	0.898	0.240	0.249
~R&D 经费投入	0.240	0.231	0.902	0.913
R&D 人员投入	0.884	0.858	0.255	0.260
~R&D 人员投入	0.237	0.233	0.861	0.886

注："~"是布尔逻辑运算符"非"，表示相应条件不存在，如"~政府资助"表示非高水平的政府资助。

6.2.4 条件组态分析

本书利用软件 fsQCA3.0 来研究导致绿色技术创新水平高和低的条件并且进行分析。在此基础上可得出三种类解：复杂解（没有逻辑残差）、中间解（包含简单的逻辑残差）以及简约解（包含简单和复杂的逻辑残差）。报告中间解是为了保持必要的条件防止其被简约解简化。核心条件是那些同时出现在解析解和中间解中的条件，而边缘条件是那些只出现在中间解中的条件。

本书将原始一致性阈值设置为 0.85 以保证组态的解释力度，PRI（子集关系一致性）阈值设置为 0.75，以最小化"同时子集关系"影响，案例频率阈值设置为 1。因为 QCA 分析中缺少非高绿色技术创新的必要标准，故本书在反事实分析中，用 NCA 分析的结果来补充 QCA 必要条件的结果。假设研发资金、市场化进程和研发人员投入的缺乏将造成非高绿色技术创新的形成。按照 Ragin 和 Fiss 的思路，生成的路径以表格的形式显示。如表 6-3 所示，有两条实现高绿色技术创新的路径 H1 和 H2，以及两条实现非高绿色技术创新的路径 NH1 和 NH2，表中的符号代表每条路径上各条件变量不同的存在状态和重要性。

表 6-3 绿色技术创新的条件组态

条件变量	高绿色技术创新		非高绿色技术创新	
	H1	H2	NH1	NH2
市场化进程	·		⊗	×
环境规制		⊗		
政府资助		⊗		⊗
R&D 经费投入	●	●	×	●
R&D 人员投入	●	●	×	●
一致性	0. 929	0. 877	0. 942	0. 667
原始覆盖度	0. 811	0. 182	0. 800	0. 130
唯一覆盖度	0. 650	0. 021	0. 695	0. 024
总一致性	0. 901		0. 912	
总覆盖度	0. 854		8. 827	

注：● 表示核心条件存在；× 表示核心条件不存在；· 表示边缘条件存在；⊗ 表示边缘条件不存在；空白条件表示不重要。

6. 3 区域绿色技术创新路径分析

6. 3. 1 高绿色技术创新路径

6. 3. 1. 1 技术投入主导下市场驱动型 H1

以路径 H1 为指导，我们可以看到，在没有环境立法和政府资助的情况下，R&D 经费投入和 R&D 人员投入对高绿色技术创新起着至关重要的作用。首先，一个运作良好的市场体系可以促进稀缺资源的有效分配。为了在经济转型的新常态下保持竞争力，供应要素和产品制造必须是环境友好、生态友好以及绿色的。市场竞争机制已经趋于成熟，这使得注重环境保护的企业能够获得更多的资源分配，进而在市场中赢得更大的份额。其次，市场驱动的可持续发展战略将研发资金和人才集中投入绿色技术创新上，这为环境友好型企业提供了必要的支持。此外，丰富的资源在一定程度上填补了政府支持的空白，技术的提升在环境管制方面展现出了“创新补偿”的效果，这有助于减轻严格的环境规制给经济带来的额外负担，使得环境规制的总体影响变得不那么显著。这一现象强调了技术资源投资与创新之间的正向关系，并强调了市场在其中的关键作用。那些采纳这种发展模式的省份主要集中在北方的大城市和四川、重庆地区，表现出明显的区域集中性。特别是以北京为核心的环渤海地区、以上海为核心的长三角地区、以广东为核心的泛珠三角地区，以及以成都和重庆为核心的川渝地区（包括四川和重庆）等。2020年6月5日，北京市发改委公布了《北京市构建市场导向型绿色技术创新体系实施方案》，旨在按照未来绿色发展的要求，构建市场导向型绿色技术创新体系。北京是一个典型的案例，其将围绕大气污染防治、现代能源利用、绿色智能交通等形成高端创新集群，以技术资源为驱动，以市场化创新为基础，以“京内研发，京外转化”的方式形成具有区域辐射效应的绿色技术创新中心。

6.3.1.2 技术投入主导下自主开放型H2

路径H2阐明了R&D经费和人员投入是研发的核心要素。在环境规制和政府资助缺失的情况下，市场化进程未能显著发挥作用时，这些投入仍能促进绿色技术创新。较低的环境限制为绿色技术创新提供了更为宽松的成本空间，同时，这一路径也表明技术资源的投入确实能够带来技术和知识的溢出效应，从而弥补市场化进程中的不足。由于技术溢出效应高，环境监管在这一路径中不再发挥重要作用，这与波特假说的观点相反。辽宁省作为中国传统的工业地区之一，其有着优越的地理位置，所以在此基础上它也承担着重振中国东北经济的重任；同时在环渤海地区技术和文化资源的帮助下，成为中国对外开放的重要门户之一。辽宁省拥有中国最大的铁矿石储量和亚洲最大的商业钻石储量，其工业总产值占东北地区的50%以上。且在此基础上，辽宁的绿色技术创新程度得到了外部公司的存在所带来的区域间互补影响的支持，促进了该省绿色技术创新水平的提高。

6.3.2 非高绿色技术创新路径

6.3.2.1 多因素匮乏型NH1

从路径NH1可以看出，如果没有环境监管、市场进程、研发资金和研发人员投资情况的关键作用的影响，就无法实现高水平的绿色技术创新。当绿色技术创新的资源短缺，缺乏完善的市场进程和制度时，这一路径会导致负面的结果。根据这些发现，我们可以知道以前的学者提出的“污染天堂”理论是正确的，其可能是由较多短缺元素的综合影响而形成的。符合该路径的主要是内蒙古、青海、新疆、甘肃、黑龙江、吉林、云南、贵州和广西等大西北、东北和西南地区。政府实施了一些优惠政策，鼓励中国经济欠发达的西部地区的发展，如新疆、宁夏、青海和甘肃，这些地区长期以来一直受到缺乏技术创新的困扰。低环境规制吸引了东部地区环境准入严格的污染企业向西部地区的转移。东部企业所迁入地区的无效的市场机制和落后的技术水平在一定程度上造成了这些西部地区经济优势的恶化和环境的严重破坏。

6.3.2.2 市场局限下资源诅咒型 NH2

从路径 NH2 可以看出，即使拥有充裕的研发资金和人员等资源，如果没有市场化和政府支持，也难以实现高水平的绿色技术创新。这是因为，在缺乏充分的市场和制度环境的情况下，过多的技术投资可能会导致资源诅咒现象，从而在一定程度上对绿色技术创新产生抑制作用。此外，这一路径指出，单一的技术资源无法有效推动高水平的绿色技术创新，它需要与其他因素相结合，才能在新技术的发展中产生有效的驱动作用。这一路径的研究结果证实了资源诅咒对绿色技术创新的影响，陕西省的情况正是这一路径的典型例证。尽管陕西是中国的重要工业省份，具备坚实的工业基础和丰富的技术创新资源，但其市场化进程存在不足。陕西地处中国西北中心，拥有丰富的自然资源，如煤炭，这本来有助于工业发展，但由于市场机制和产权制度不完善，资源无法得到有效配置，导致利用效率低下，加之过度开发和生态环境问题，最终引发了资源诅咒效应。

6.3.3 对策建议

6.3.3.1 政府主导下的绿色技术创新对策

经济发展必须通过推进市场化改革，扭转技术能力，以政府驱动为主导，与各区域主动选择实现路径相结合。

（1）加快各地区的市场化进程。绿色技术创新要想成功，重要的是市场要有发达和完善的结构以及强大的技术能力，而政府支持和环境监管在制度层面的瓶颈效应相对较小。所以首先应遵循市场规则，其次才是政府监管作为安全网的应用。进一步发展和实施以市场为导向的制度改革，使“看不见的手”可以发挥更有效的调控作用。利用核心企业技术研发的外部溢出效应，引进、吸收、学习现代技术，以此提高自身技术实力。

（2）提高绿色技术中心的区域辐射效应。为了增强绿色技术中心的地区辐射能力，首先要扩大已有的经济影响范围。这包括扩展京津冀经济圈，依托专业分工，将京津的绿色技术推广至东北，这样不仅能减少污染排放，还能提升经济效益，有助于增强东北的产业活力。接下来，可以利用长三角和珠三角经济圈的技术影响力，推动邻近省份如江西、海南、广西等的发展。在此基础上，政府的宏观规划可以指导在有潜力成为技术中心的城市发展绿色技术创新。例如，中国（四川）自由贸易试验区自2017年成立以来该地区经济发展步伐加快。借助政府的支持和政策推动，四川和其他地区可以逐渐从绿色技术创新的协同进步中获益，从而实现东西部的互动发展。

（3）选择合适的环境规制政策。在环境准入方面，提高西部地区企业的标准，在有投资意义的地方进行投资。与东部地区相比，西部地区的环境规制强度比较低。东部地区的许多企业被广阔的土地资源、有吸引力的政府政策和偏低的劳动力成本吸引到西部来，严重削弱了中国的生态安全屏障。因此，政府应该制定更严格的标准，增强企业准入门槛，从低标准的投资转向择优投资。2020年5月，中共中央、国务院印发了《关于新时代推进西部大开发形成新格局的指导意见》，为我国西部地区实现绿色经济和高质量发展提供了基本遵循。

6.3.3.2 企业主导下的绿色技术创新对策

（1）强化环境问题重视程度

一般来说，企业的短期经济目标与长期社会效益无法总是以同步的状态出现，多数企业在污染排放和治理方面可能短期内符合法律规范，但综合来看缺少创新力，而是将其重心放在了应付相关部门的抽查监督上。核心问题是企业环保意识不强，生产上注重短期收益，这两点不利于企业的绿色转型升级，同时对于工业污染行业的高效和长期发展也起着相反的阻碍作用。为了实现绿色自主创新和环保行为的自觉合法排放，企业必须加强对于环境相关问题的重视，抓住环境责任行为的市场机遇，以更快的速度推进企业环境发展战略。

一方面，公司在面临环境压力时是否有积极的态度，是否采用积极的环境行为，环境问题能否得到解决，这些问题都与管理者和员工的环境关注程度等指标有很大关系。关心环境的公司人员更有可能积极主动地参与到环境友好的实践中。开展定期培训是组织促进组织内员工环境意识的一种方式，使环境问题成为业务流程中不可或缺的组成部分。另一方面，企业的规模差异很大，处于早期发展阶段或竞争力较弱的企业，具有规模小、经济效益低的特点，积极主动地进行创新的污染治理会在一定程度上影响该企业的发展。如果没有一个好的环境政策，没有与政府合作的意愿，新企业将无法有效地处理环境问题。为了做到这一点，他们需要开始与政府相关的环境管理部门进行协调和沟通，以此来更好地推动这些企业将其所遇到的环保阻碍转换为动力。

（2）努力把握环境行为市场机遇

一方面，补充基于命令型、市场激励型的手段，可以通过引入公众参与作为额外手段来辅助政府加强环境监管。另一方面，以大众为主体的消费市场对制造业和商业运作的运作也有着重大影响。不同类型的顾客对他们购买的产品有不同的期望，这反过来又对一个组织所处的营销环境产生一定影响。

环境管理给企业带来财务压力是难以规避的，但同时它也会给企业带来发展的机遇。通过采取环保措施，企业可以利用现有的市场机会，在市场上建立竞争优势，而有效地实施污染控制措施可以帮助企业获得更多的公众支持。因此，企业须尽力来解决环境保护带来的问题，以及利用市场可能提供的机会。上海的垃圾分类试点项目说明了随着政府不断地加强对于对生态环境的监管力度，环境保护也逐渐深入人心。随着大众对环境问题的关注，绿色、环保和清洁能源项目将获得广泛的接受。如果企业能够有效地向外界传达积极主动的环境管理理念，消除不作为甚至是谎言等有害的环境行为，就会提高企业的核心竞争力和环境保护的经济价值，同时也会吸引更多的客户和投资者。在各种环境监管手段的背景下，相对于被动管理，企业积极主动的环境管理竞争优势更为明显。

（3）加快推动企业环境发展战略

当企业为了短期的利益而存在应付式绿色创新和非法污染排放时，其应该将重点放在长期发展效益上，如未来的回报和社会效益。环境发展战略应该根据现有技术、自然生态和其他影响企业组织因素的现状不断地实行动态更新；其不仅对环保起着积极的作用，还可以在一定程度上促进企业自身的未来发展。不同类型企业的发展目标和详细的战略计划可能有所不同，但为了未来的可持续发展，所有企业都必须放弃以牺牲环境为代价的短期利益，将环境友好理念融入企业未来战略布局当中去。在此基础上，环境发展战略应该基于国际先进的责任投资理念和公司治理、环境治理、社会治理相结合的管理模式，促进公司的绿色可持续发展。同时，也要考虑环境对企业经营发展的制约和影响，以及与企业发展、宣传、内部激励等相关的环境因素，确保多种创新的环境发展战略在战略、管理、技术等层面上更好地展开协调和配合。

6.4 本章小结

本书构建了一个基于“不对称创新”概念的新研究框架，整合了市场—机构—技术维度，构建了一个条件分组以进一步研究未来绿色技术创新水平的可实现路径，在此基础上得出了以下结论：

（1）中国不同地区的绿色技术创新能力存在明显的区域性特征和集聚性辐射效应。绿色技术创新的水平从沿海的东部向西北的综合经济区逐渐降低。特别是北部、东部和南部沿海地区，已经形成了以北京、上海和广州为中心的集聚性辐射效应。同时，川渝经济圈在发挥区域集聚辐射效应方面具有较大的发展潜力。

（2）R&D 资金的投入对于绿色技术的研发融资是一个关键的挑战。根据 NCA 的方法，绿色技术创新依赖于市场化、环境法规、政府资金、R&D 资金和人力资源等多方面因素，特别是 R&D 资金和人力资源的投入以及市场化进程尤为关键。而 QCA 必要条件分析指出，研发投资对于绿色技术创新是必不可少的。这表明，如果研发资金不足，可能会导致绿色技术创新的停滞。同时，没有单一因素可以单独解释非高绿色技术创新水平，这揭示了绿色技术创新的阻碍因素多样，需要从多个层面进行全面的和均衡的解决。

（3）存在两条绿色技术创新实现组合路径和两条应规避的路径。对于要素基础相似但绿色技术创新水平较低的地区有两种创新方式：市场驱动型创新和自主开放型技术投入。这两种方式具有相同的等效性。同时，多因素稀缺型和有市场限制的资源诅咒型是导致非绿色技术创新水平的路径，通过研究每条路径的机制，可以更好地发现地方治理的“病根”的根本原因。

（4）在不同地区的技术创新能力各异的情况下，环境规制对绿色技术创新的作用差异显著。在技术发达的区域，如北部、东部、南部沿海和川渝经济区，规制对创新活动的直接影响较为有限。这主要源于这些地区技术创新的优势能够通过“创新补偿”效应部分消除额外的监管成本。以辽宁为例，尽管其技术能力仅属中等，但其丰富的资源条件在缺乏环境规制的情况下得到了更好的利用，吸引了高科技企业，推动了区域协同增长。反观技术能力较弱的大西北和西南地区，环境规制却成了绿色技术创新的阻碍，因为这些区域的政策往往支持高排放、高科技企业的集中，这可能会形成所谓的“污染天堂”。

7 研究结论与展望

7.1 研究结论

本书通过博弈论分析了环境规制下各个市场主体的博弈情况，通过实证数据进行回归分析揭示了环境规制对于各类企业绿色技术创新的影响及其内在原理，并从管理者环境认知的角度分析了其对环境规制促进各类企业绿色技术创新的调节作用。在双减双控及产业转型的背景下，针对企业的绿色转型规律提供针对性强且具备可操作性的对策，并为相关部门环境规制的建立和调整提供有效的决策支持。本书先从既有的理论架构出发，通过演化博弈分析和面板数据回归分析等方法，从绿色技术本身演化规律和环境规制发挥作用的机制出发，结合不同类型企业绿色可持续发展的具体情境，以管理者环境认知为切入点，全方位深入分析了环境规制对各类企业绿色技术创新的具体影响及其影响的计量，最终有针对性地提出利用管理者环境认知调节作用，强化环境规制下企业绿色技术创新的政策建议及企业发展对策。本书的主要结论如下：

第一，初始意愿对于绿色技术创新的最终结果有重要的影响，而对于中央、地方和企业博弈三方中央政府的政策力度是决定性的。本书以实际环境规制下绿色技术创新的实际情景为导向提出研究假设，选择政策的推动方、执行方和接受方三个对象，构建了政府与企业对绿色技术创新的协同作用的非合作演化博弈模型，分析在中央政府环保及绿色创新战略叠加下，地方政府实施正向绿色技术创新支持以及负向绿色技术创新惩罚促进企业绿色技术创新外部激励机制的博弈分析以及理想演化稳定均衡，对各个初始意愿下环境及绿色技术创新举措组合促进企业绿色技术创新政策仿真。我国现有的环境规制和创新集体体制下，中央政府的意志决定了绿色技术创新整体走向和效率，而地方政府政策的配合则可以最大化中央政府相关决策的效果，进而达成绿色技术创新的多级政府协同治理。而对于支持和惩罚两个方向的政府干预，当正向激励和负向惩罚通过反馈调节逐渐平衡时，在中高初始意愿下政策组合工具对博弈双方都具有“帕累托改进”效果。而中央与地方政策的协调经历了一个磨合的过程，采用框架—试行—调整—颁布—反馈的渐进式负向环境规制倒逼企业技术创新的同时也使政府绿色技术创新专项补贴支出能逐渐调整达到收支平衡。中央政府提高正向支持力度可以在地方政府的配套措施协调以及企业的应对措施下更具效率，抵消负向环境规制强度增大而给企业技术创新带来的负面影响，由此中央和地方两级政府正向支持和负向惩罚环境规制工具的有效性强化了绿色技术创新效果。

第二，环境规制能够显著促进企业绿色创新，环境规制对企业绿色技术创新的作用会受到企业所有制、环境规制强度与企业规模大小异质性的影响。本书通过面板数据回归分析发现环境规制对绿色技术创新具有正向作用，环境规制强度越高的地区，当地企业绿色技术创新能力越强。环境规制对绿色技术创新的影响因企业所有制的区别而有所不同，环境规制能够促进国有企业创新，但会对民营企业造成不利影响。不同环境规制强度将会对企业绿色创新带来差异化影响，强环境规制强度不利于企业进行绿色创新，弱环境规制强度对企业绿色创新具有积极影响。环境规制能够促进大企业的绿色创新，但对小企业会有不利影响，小企业会因环境规制而减少绿色创新行为。

第三，管理者环境认知能对环境规制和企业绿色技术创新的影响起到调节作用。管理者环境认知在环境规制与企业绿色创新中发挥了重要的调节作用，而且这个作用是正向强化的，即更高的管理者环境认知会强化环境规制对企业绿色创新的促进作用，而更低的管理者环境认知则会弱化环境规制对企业绿色创新的促进作用。这个调节作用对于不同的绿色创新类型也呈现出不同的强度，对于基础性的绿色专利管理者环境认知表现出显著的正向调节作用，而这个调节作用在多数针对污染治理的绿色实用新型专利上则并不显著，这说明管理者环境认知是通过作用于长期持续的绿色技术投入以及战略层面的影响来完成对环境规制与绿色技术创新的正向调节的，对于短期合规的企业绿色创新行为管理者环境认知程度的高低并不会导致差异化的结果。管理者环境认知对于环境规制与企业绿色创新的调节机制是复杂的，是多种路径综合作用的结果。

第四，研究揭示了存在绿色技术创新的组合路径和应避免的路径。首先，通过建立一个以“不对称创新”为核心的全新研究架构，本书将市场、机构和技术的维度相结合，形成了一个分组分析的条件框架，旨在深入探讨未来绿色技术创新的可行路径。我国在不同地区的绿色技术创新能力存在明显的区域特征和集聚效应。从东部沿海向西北综合经济区，绿色技术创新的水平呈现递减态势。特别是北部、东部和南部沿海地区，已形成以北京、上海和广东为中心的绿色技术集聚辐射效应，而川渝经济圈则展现出最大的区域集聚辐射潜力。其次，研发经费的投入和融资是促进绿色技术发展的关键障碍。绿色技术创新依赖于市场化、环境立法、政府资金、研发经费和人力资源等多种因素，其中研发经费、人力资源和市场化进程的作用尤为重要。绿色技术创新并非由单一要素决定，而是受到多种因素的影响，这意味着解决绿色技术创新的障碍需要全面和均衡的策略。最后，对于那些基础条件相似但绿色技术创新水平较低的地区，可以采取市场驱动型创新和自主开放型技术投入两种策略，这两种策略在效果上是等效的。这为不同地区提供了根据自身条件选择合适绿色技术创新路径的参考。

7.2 政策建议

基于上述研究成果，本书从推动企业绿色技术创新的角度出发，提出从以下四个方面推动环境规制下企业绿色技术创新水平的提升，强化企业的绿色技术创新行为。

7.2.1 通过管理者环境认知推动企业绿色技术创新的举措

一方面，通过提升管理层对绿色技术创新的认识，从而激发企业内部的绿色创新动力。

首先，企业应在推动绿色发展的过程中，逐步建立并强化绿色发展的企业文化。管理者应鼓励员工在日常生活和工作中采用绿色、可持续的方式，通过具体的节能减排行动，形成企业的绿色环保发展理念。随着社会对绿色产品、技术和服务需求的日益增加，政府应加强对环保、理性消费和节约资源等绿色发展理念的宣传和引导，通过在教育中融入环保知识，提升公众的可持续发展意识，并引导消费者转向绿色消费。政府还应提升公众的购买力，以确保绿色产品成为市场的主流。由于绿色产品的研发和生产成本较高，其价格通常也较高，因此消费者需要有足够的经济能力来选择这些产品。政府可以通过增加绿色产品的采购来推动这一进程，通过政府采购行为，提升市场对绿色产品的需求，增强公众对绿色产品的偏好，扩大市场需求，进而促进企业的可持续发展。其次，政府应合理利用组织支持，以促进企业绿色技术创新。目前，我国许多企业对绿色创新的认识不足，由于技术机会的不确定性，企业往往过分关注绿色技术创新的初期高成本，而缺乏追求长期收益的动力。即使有冗余资源，企业也未必会将其用于绿色技术创新。政府已经提供了一定的资源支持，但这些资源往往未能充分发挥作用。第一，政府应关注这些未充分利用的资源，通过设置应用权限等方式，确保它们在企业绿色技术创新中发挥预期作用。此外，政府还应培养企业高管的环保意识，以提升企业的竞争力。政府应制定支持企业绿色技术创新的政策，当企业高管认识到绿色创新的重要性，并意识到其带来的利润时，他们会更加倾向于进行绿色创新决策，如在战略层面上分配更多资源用于成本较高和风险较大的绿色创新活动。第二，政府应建立与企业高管的有效沟通渠道，如组织高管参与环保论坛、研修班和行业协会等活动，及时传递绿色环保的最新信息和政策，强调绿色创新在企业发展中的重要性，帮助高管建立绿色环保和环境责任意识，确保企业遵守相关环境法规，积极进行绿色活动，避免违规风险。第三，政府还应重视培养其他参与绿色创新管理的企业内部工作人员的环保意识，以确保企业能够实现绿色创新的目标效果。政府可以通过组织绿色创新培训、研讨会和工作坊等活动，提升员工的环保知识和技能，鼓励他们将环保理念融入日常工作中。同时，政府还可以鼓励企业内部形成绿色创新团队，通过跨部门合作和知识共享，促进绿色创新项目的实施和推广。提升管理层对绿色技术创新的认识、加强组织支持和培养企业内部工作人员的环保意识，可以有效推动企业绿色技术创新的发展。这将有助于企业实现可持续发展，同时为社会和环境带来积极影响。

另一方面，为了提升企业在外部环境中的绿色技术创新动力，我们可以实施一系列策略。

首先，政府应当加大对绿色技术的扶持力度。这包括通过制定有利于绿色技术创新的政策，并提供必要的资金支持，以帮助企业通过自主研发或引入先进技术来提升其核心竞争力。政府还可以通过提供财政补贴、税收减免等方式，为企业创造有利的发展环境，同时鼓励企业增加研发投入，推动绿色技术创新和专利申请。其次，政府应该为具有绿色技术创新潜力的企业提供更为优惠的税收政策，或为其研发和产学研合作提供融资担保和投资引导。此外，政府还可以为企业发行债券提供担保，或直接提供资金支持，以降低企业的融资成本，激发其创新热情。再次，政府需要营造良好的政策环境和外部动力，促进产学研合作。这可以通过鼓励企业参与高校的产学研合作教育，鼓励学者为企业提供技术支持，促进研发人才、知识和成果的共享来实现。同时，政府还应该为企业提供绿色技术创新成果商品化和产业化的平台，并对其进行表彰和奖励，保护其知识产权。此外，建立公平规范的市场竞争环境也是关键。政府应通过改革经济体制，加强执法和完善立法，以创造一个公平、合理和良好的市场竞争环境。这包括建立灵活、系统且可操作的知识产权法律体系，提高社会对知识资源共享的意识，制定相关法律和法规。同时，政府应针对行业垄断、行业壁垒和不规范的竞争现象采取措施，鼓励外资企业参与，推动高质量的发展，打破市场壁垒，鼓励企业公平竞争。最后，政府可以利用国际合作战略，推进绿色理念的建设与环境污染治理、核与辐射安全和生态保护等方面的国际合作，了解国际技术前沿和趋势，与国际标准接轨。

7.2.2 利用环境规制强化企业绿色技术创新行为的对策

首先，采取灵活多样的环境规制工具组合。

为了促进绿色技术创新，我国政府需要调整环境规制策略，从传统的以“命令—控制”为主的手段转向更加灵活和多样化的策略。研究显示，命令控制型和市场激励型环境规制均能显著促进绿色技术创新，其中市场激励型规制的影响力更胜一筹。当前，我国企业面临的主要是命令控制型规制，如环境标准和排放限额等，这些手段相较于市场激励型规制（如排污权交易、碳税和补贴），在激励企业进行绿色技术创新方面的效果有限。因此，政府应采取如下措施：首先，加大对市场激励型环境规制的应用，如提供企业补贴、税收优惠，以及推动金融机构开展绿色信贷和发行绿色债券。同时，政府需密切关注企业绿色技术创新进展，动态调整政策以激发企业内在的创新动力。其次，虽然命令控制型规制应保持严格，但也要确保其适度，同时加强监管，以短期内的激励促使企业采取绿色技术创新。最后，政府应优化环境规制工具的初始分配，以市场激励型为主、命令控制型为辅，并依据政策效果和企业适应能力，对命令控制型规制进行持续的强度和方式的调整，确保与市场激励型规制相协调，从而在长期内更有效地促进绿色技术创新。

其次，规范企业知识共享的传输渠道。

为了促进绿色技术创新，重要的是要建立和规范企业间知识共享的渠道。知识共享在绿色技术创新中扮演着至关重要的角色，尤其是在企业与外部企业之间分享隐性知识方面。随着社会对绿色环保和低碳理念认同的加深，新产品和技术的复杂性增加，技术寿命周期缩短，企业面临的产品绿色功能需求变得更加复杂，因此获取创新知识变得尤为迫切。企业与合作伙伴及利益相关者的绿色创新合作亟须依赖知识共享机制，政府应积极推动企业间的知识共享与交流。一方面，企业间应建立以信任为基础的知识共享机制。政府可以定期举办关于绿色技术和工艺的知识共享与交流活动，以及绿色产品的展示会，为企业提供交流平台，增强彼此之间的信任和合作凝聚力。政府还应鼓励和采取措施促进企业间的互信交流，减少知识共享的潜在竞争风险，防止个别企业的投机行为，确保知识的自由流动。另一方面，企业需要提高对技术前沿和市场趋势的预测能力，以及应对市场需求的灵活性。政府应及时更新与绿色技术创新相关的法律法规和产业政策，并为企业间知识共享提供桥梁，搭建信息传播平台，以便于企业间的沟通和交流。这样的措施有助于加强企业在共享显性和隐性知识方面的合作，从而提高绿色技术创新的效率和效果。

7.2.3 利用环境规制提升企业绿色技术创新效率的对策

一是重点关注企业绿色技术创新的培养与提升。

在创新发展的道路上，多数企业的创新资源分配相对合理，但绿色创新机制的运行效率有待提高。因此，需要专注于提升企业在绿色技术创新方面的投资、研究和成果转化能力。在提高企业绿色技术创新投资能力方面，应认识到绿色技术创新的高风险性和外部性特征。在企业发展的早期，资本投入和风险承担是必不可少的。为了缓解企业在绿色技术革新上的经济压力和风险，政府应实施积极的激励政策。例如，为企业提供生产环保产品和研发绿色技术的财政支持。政府需要考虑国内行业发展状况、企业规模和类型、研发难度等多种因素，实施差异化的补贴政策。此外，政府可以通过提供低息贷款、鼓励风险投资支持企业引进创新设备或技术成果，以及允许中小企业通过融资租赁方式使用大型绿色创新生产研发设备等多种方式，对企业进行资助。同时，政府应着力提高企业的绿色技术创新研发和生产能力。我国企业在绿色技术自主研发方面存在不足，研发机构数量不足，关键共性技术缺失，企业往往依赖技术引进。这一现状与欧美等国家存在较大差距。因此，政府应当促进企业更新或改进高耗能、高污染、高排放的落后生产设备，并与银行、担保机构等合作伙伴共同推出一系列措施，通过补贴和贷款等手段帮助企业在转型期间解决资金问题。政府还应引导企业开发符合环保标准的技术、工艺和产品，鼓励企业走绿色转型道路，采用绿色生产模式，直至将绿色生产理念融入企业经营战略，进而推动企业实现绿色技术创新的生态化转型。

二是确立合理的环境规制力度。

政府需不断优化环境政策的松紧程度，确保其处于适度的范围内，以此激励企业积极进行绿色技术创新并提升其效率。宽松的环境法规可能会使企业为了维持利润率而削减研发投入，这会降低绿色技术创新的积极性。对中国这个正处于经济结构调整的国家来说，政府需要推行适宜的环境保护政策。在执行中，政府应根据企业的财务状况、污染行为及治理成效，制定差异化的环境规制标准。这样的措施既能促使企业采取环保的生产方式，集中处理废弃物并循环利用资源，也能推动企业加快绿色转型步伐。政府应避免在环境法规过于宽松时随意提高标准，而应当在一定范围内适度增强规制强度，以消除企业绿色技术创新的障碍。同时，过于严格的环境规制可能会提升企业的整体成本，因此政府需要适度调整规制力度，避免成本过高给企业带来过大负担。恰当的环境规制设计能够在一定程度上对那些环保态度消极的企业进行惩罚，而对那些积极应对环保挑战的企业提供成本优势。这样的政策能够激励企业自主实施以环保为主导的管理策略，并积极进行绿色技术创新。

7.2.4 利用环境规制推动企业绿色技术创新的对策

一是增加政府的绿色技术创新投资补贴。

企业在推进绿色技术创新时，往往由于初期投资成本巨大而选择放弃。针对这种情况，政府需实施激励政策，以促进绿色技术创新的普及。

根据第三章的博弈模型仿真结果，增加创新投资的补贴比例能有效促进企业绿色技术创新的普及，但当补贴比例达到一定程度后，其促进效果会逐步减弱。因此，政府应适当提高补贴力度。首先，政府应推出有利于企业的政策，通过经济激励、税收减免和制度保障等方式，加强对企业绿色研发的支持，激励企业进行绿色创新。其次，考虑到绿色技术创新的规模效应受行业规模的影响，政府在提供支持时，应根据企业规模采取不同措施，为大型企业提供更多的融资途径和财政补贴，为中小企业提供低担保要求的贷款服务。最后，在绿色技术创新的初期推广阶段，政府应对参与绿色技术创新的企业提供补贴，但应科学设定补贴水平，防止补贴过高造成财政浪费或补贴不足而无法激发企业创新。因此，政府应根据企业的规模、经济状况、技术类型和投资规模等因素，实施差异化的补贴政策。

二是改善绿色技术创新传播的政策框架。

我国政府应围绕“减排、降污、节能”的理念，进一步完备绿色技术创新及推广的法律规范体系。这包括制定与绿色技术创新传播风险和知识产权保护相关的配套政策，并强化对企业监管的力度。首先，构建完善的绿色技术创新传播风险防控体系。政府不仅在财政和税收上提供支持，还应在创新的全流程中设立风险防控机制，减少不确定性风险，增强企业信心，解决创新过程中存在的问题。同时，政府应与企业合作，利用大数据进行风险识别和管控，通过安全信息系统共享风险数据及应对经验，以便及时更新风险管理政策。其次，出台恰当的知识产权政策。政府应完善绿色专利、商标和知识产权保护制度，挖掘知识产权潜力，促进绿色技术的研发、应用和推广。政府需制定适合企业的知识产权战略，优化制度环境，鼓励企业开发自主知识产权的绿色技术和产品，提升知识产权综合能力。此外，政府应动态调整知识产权保护政策，强化企业在知识产权保护中的主体地位，激励企业参与绿色技术研发，提高转化为知识产权的能力。最后，政府应增加对绿色专利的资助，引导企业增加绿色技术创新投入，并适度减免先行者的税费。

7.3 研究不足与展望

本书针对管理者环境认知这一尚未被重视的调节变量考察了环境规制对于企业绿色技术创新的作用。由于资源、时间及水平限制，本书还存在一些局限性：第一，本书使用的是样本界面数据，对所有变量的统计都截取统一时间截面，虽然对企业的类型进行初步分类，但绿色技术创新的持续动态变化并没有被考虑在研究范围内，这影响了研究结果对未来发展支持的有效性以及普适性；第二，本书考虑的控制变量主要是企业内部属性，从各个维度选择了企业的数据对其进行描述和控制，这些因素从范畴上都只是对企业特征的描述和界定，对于影响企业绿色技术创新的众多外部因素并没有加以考虑和控制，因此得出的结论也是在其他因素不变的理想假设条件下，而实际生产中大量外部因素影响了环境规制、管理者环境认知或者企业绿色技术创新的变化；第三，在对管理者环境认知的调节作用进行分析时，仅对管理者环境认知进行了笼统量化描述，并没有对管理者环境认知的方向、深度、与企业的匹配程度进行细致的划分，这降低了通过管理者环境认知强化企业绿色技术创新的针对性和有效性。

针对上述研究的局限性，一是在后续的相关研究中需要对相关变量进行长期动态的追踪，在模型中加入时间的变量，以更大样本的动态数据完善结构模型，以得出更广泛普适的结论；二是在后续研究中也许要考虑更多的内外部因素，对其进行控制和分析以得出更具有说服力的结论；三是未来在对管理者环境认知的研究中可以综合考察纵向和横向、内部和外部的环境认知对环境规制与绿色创新的具体调节作用。

参考文献

赵玉民，朱方明，贺立龙，2009. 环境规制的界定，分类与演进研究［J］. 中国人口·资源与环境，19（6）：85-90.

许慧，2014. 低碳经济发展与政府环境规制研究［J］. 财经问题研究（1）：112-117.

任力，黄崇杰，2015. 国内外环境规制对中国出口贸易的影响［J］. 世界经济（5）：59-80.

黄清煌，高明，吴玉，2017. 环境规制工具对中国经济增长的影响：基于环境分权的门槛效应分析［J］. 北京理工大学学报：社会科学版（3）：33-42.

杨辛夷，2018. 环境规制工具对企业环境成本的影响研究［J］. 企业改革与管理，338（21）：203-204.

唐勇军，李鹏，2019. 董事会特征，环境规制与制造业企业绿色发展：基于2012—2016年制造业企业面板数据的实证分析［J］. 经济经纬，36（3）：73-80.

周海华，王双龙，2016. 正式与非正式的环境规制对企业绿色创新的影响机制研究［J］. 软科学，30（8）：47-51.

俞止漂，王帅，2019. 异质型环境规制对企业绩效的影响机制研究［J］. 开发研究（2）：154-160.

江小国，张婷婷，2019. 环境规制对中国制造业结构优化的影响：技术创新的中介效应［J］. 科技进步与对策（7）：68-77.

刘慧，2015. 环境规制对长三角地区产业结构调整效应研究［J］. 商业经济研究（19）：131-133.

宋爽，樊秀峰，2017. 双边环境规制对中国污染产业区际转移的影响［J］. 经济经纬，34（2）：99-104.

汪海凤，白雪洁，李爽，2018. 环境规制，不确定性与企业的短期化投资偏向：基于环境规制工具异质性的比较分析［J］. 财贸研究，29（12）：80-93.
杨辛夷，2018. 环境规制工具对企业环境成本的影响研究［J］. 企业改革与管理，338（21）：203-204.
张成，陆旸，郭路，等，2011. 环境规制强度和生产技术进步［J］. 经济研究（2）：113-124.
肖黎明，高军峰，刘帅，2017. 基于空间梯度的我国地区绿色技术创新效率的变化趋势：省际面板数据的经验分析［J］. 软科学，31（9）：63-68.
董会忠，刘帅，刘明睿，等，2019. 创新质量对绿色全要素生产率影响的异质性研究：环境规制的动态门槛效应［J］. 科技进步与对策，36（6）：43-50.
陆旸，2009. 环境规制影响了污染密集型商品的贸易比较优势吗？［J］. 经济研究（4）：28-40.
李婉红，毕克新，孙冰，2013. 环境规制强度对污染密集行业绿色技术创新的影响研究：基于2003—2010年面板数据的实证检验［J］. 研究与发展管理，25（6）：72-81.
李平，慕绣如，2013. 波特假说的滞后性和最优环境规制强度分析：基于系统GMM及门槛效果的检验［J］. 产业经济研究（4）：21-29.
李玲，陶峰，2012. 绿色全要素生产率的视角［J］. 中国工业经济（5）：70-82.
余东华，胡亚男，2016. 环境规制趋紧阻碍中国制造业创新能力提升吗?：基于“波特假说”的再检验［J］. 产业经济研究（2）：11-20.
谢乔昕，2018. 环境规制、规制俘获与企业研发创新［J］. 科学学研究，36（10）：1879-1888.
王杰，段瑞珍，孙学敏，2019. 环境规制、产品质量与中国企业的全球价值链升级［J］. 产业经济研究（2）：64-75，101.
蔡宁，葛朝阳，2000. 绿色技术创新与经济可持续发展的宏观作用机制［J］. 浙江大学学报（人文社会科学版），30（3）：51-56.
李平，2005. 论绿色技术创新主体系统［J］. 科学学研究，23（3）：414-418.
王建华，2010. 论绿色技术创新中的官产学合作：基于三重螺旋模型的分析［J］. 科学经济社会，28（4）：41-44.
李昆，2017. 绿色技术创新的平台效应研究：以新能源汽车技术创新及商业化为例［J］. 外国经济与管理，39（11）：31-44.
甘德建，王莉莉，2003. 绿色技术和绿色技术创新：可持续发展的当代形式［J］. 河南社会科学（2）：22-25.
王园园，2013. 生态文明视野下的企业绿色技术创新实现机制［J］. 理论观察（3）：45-46.
杨东，柴慧敏，2015. 企业绿色技术创新的驱动因素及其绩效影响研究综述［J］. 中国人口·资源与环境，25（S2）：132-136.
惠岩岩，2018. 我国绿色技术创新实践研究［D］. 郑州：中原工学院.
聂爱云，何小钢，2012. 企业绿色技术创新发凡：环境规制与政策组合［J］. 改革（4）：102-108.
张钢，张小军，2014. 企业绿色创新战略的驱动因素：多案例比较研究［J］. 浙江大学学报（人文社会科学版），44（1）：113-124.
陈兴荣，刘鲁文，余瑞祥，2014. 企业主动环境行为驱动因素研究：基于PANELDATA模型的实证分析［J］. 软科学，28（3）：56-60.
雷善玉，王焕冉，张淑慧，2014. 环保企业绿色技术创新的动力机制：基于扎根理论的探索研究［J］. 管理案例研究与评论，7（4）：283-296.
马媛，侯贵生，尹华，2016. 企业绿色创新驱动因素研究：基于资源型企业的实证［J］. 科学学与科学技术管理，37（4）：98-105.
宋维佳，杜泓钰，2017. 自主研发、技术溢出与我国绿色技术创新［J］. 财经问题研究（8）：100-107.
王锋正，姜涛，郭晓川，2018. 政府质量、环境规制与企业绿色技术创新［J］. 科研管理，266（1）：28-35.
李香菊，贺娜，2018. 地区竞争下环境税对企业绿色技术创新的影响研究［J］. 中国人口·资源与环境，217（9）：76-84.
田红娜，毕克新，2012. 基于自组织的制造业绿色工艺创新系统演化［J］. 科研管理，33（2）：18-25.
毕克新，付珊娜，田莹莹，2016. 低碳背景下我国制造业绿色创新系统演化过程：创新系统功能视角［J］. 科技进步与对策，33（19）：61-68.
杨朝均，呼若青，2017. 我国工业绿色创新系统协同演进规律研究：二象对偶理论视角［J］. 科技进步与对策，34（12）：49-54.

李婉红，2017. 中国省域工业绿色技术创新产出的时空演化及影响因素：基于30个省域数据的实证研究 [J]. 管理工程学报，31（2）：9-19.
曹霞，张路蓬，2015. 企业绿色技术创新扩散的演化博弈分析 [J]. 中国人口·资源与环境，25（7）：68-76.
段楠楠，徐福缘，倪明，2016. 考虑知识溢出效应的绿色技术创新企业关系演化分析 [J]. 科技管理研究，36（20）：157-163.
杨国忠，刘希，2017. 政产学合作绿色技术创新的演化博弈分析 [J]. 工业技术经济，36（1）：132-140.
杨浩昌，李廉水，刘军，2014. 中国制造业低碳经济发展水平及其行业差异：基于熵权的灰色关联投影法综合评价研究 [J]. 世界经济与政治论坛（2）：147-162.
毕克新，杨朝均，隋俊，2015. 跨国公司技术转移对绿色创新绩效影响效果评价：基于制造业绿色创新系统的实证研究 [J]. 中国软科学（11）：81-93.
陈华彬，2018. 长江经济带绿色技术创新绩效研究：基于因子分析法的视角 [J]. 重庆理工大学学报（社会科学版）（8）：34-44.
孙丽文，陈继琳，2018. 基于经济-环境-社会协调发展的绿色创新绩效评价：以环渤海经济带为例 [J]. 科技管理研究，38（8）：87-93.
钱丽，肖仁桥，陈忠卫，2015. 我国工业企业绿色技术创新效率及其区域差异研究：基于共同前沿理论和DEA模型 [J]. 经济理论与经济管理，35（1）：26-43.
罗良文，梁圣蓉，2016. 中国区域工业企业绿色技术创新效率及因素分解 [J]. 中国人口资源与环境，26（9）：149-157.
韩孺眉，刘艳春，2017. 我国工业企业绿色技术创新效率评价研究 [J]. 技术经济与管理研究（5）：53-57.
肖黎明，高军峰，刘帅，2017. 基于空间梯度的我国地区绿色技术创新效率的变化趋势：省际面板数据的经验分析 [J]. 软科学，31（9）：63-68.
和苏超，黄旭，陈青，2016. 管理者环境认知能够提升企业绩效吗：前瞻型环境战略的中介作用与商业环境不确定性的调节作用 [J]. 南开管理评论，19（6）：49-57.
邓少军，芮明杰，2013. 高层管理者认知与企业双元能力构建—基于浙江金信公司战略转型的案例研究［J］. 中国工业经济（11）：135-147.
尚航标，黄培伦，2010. 管理认知与动态环境下企业竞争优势：万和集团案例研究［J］. 南开管理评论（3）：70-79.
刘冬梅，2013. 环境规制、技术创新与企业经营绩效研究［D］. 呼和浩特：内蒙古大学.
张旭，王宇，2017. 环境规制与研发投入对绿色技术创新的影响效应［J］. 科技进步与对策（17）：111-119.
曹勇，蒋振宇，孙合林，2015. 环境规制与企业技术创新绩效：政府支持的调节效应［J］. 中国科技论坛（12）：81-86.
徐常萍，吴敏洁，2016. 环境规制对制造业技术创新的影响分析：基于中国 30 个省的面板数据［J］. 阅江学刊（4）：54-62.
余东华，胡亚男，2016. 环境规制趋紧阻碍中国制造业创新能力提升吗?：基于“波特假说”的再检验［J］. 产业经济研究（2）：11-20.
李玲，陶锋，2012. 中国制造业最优环境规制强度的选择：基于绿色全要素生产率的视角［J］. 中国工业经济（5）：70-82.
蒋伏心，王竹君，白俊红，2013. 环境规制对技术创新影响的双重效应：基于江苏制造业动态面板数据的实证研究［J］. 中国工业经济（7）：44-55.
范丹，2015. 中国制造业差异化环境规制策略研究：基于创新力与经济增速均衡视角［J］. 宏观经济研究（5）：83-90.
许士春，何正霞，龙如银，2012. 环境规制对企业绿色技术创新的影响［J］. 科研管理，33（6）：67-74.
李婉红，毕克新，曹霞，2013. 环境规制工具对制造企业绿色技术创新的影响：以造纸及纸制品企业为例［J］. 系统工程，31（10）：112-122.
孙伟，2015. 环境规制、政府投入和技术创新：基于演化博弈的分析视角［J］. 江淮论坛，270（2）：34-38.
余伟，陈强，陈华，2016. 不同环境政策工具对技术创新的影响分析：基于 2004—2011 年我国省级面板数据的实证研究［J］. 管理评论，28（1）：53-61.
王红梅，2016. 中国环境规制政策工具的比较与选择：基于贝叶斯模型平均（BMA）方法的实证研究［J］. 中国人口资源与环境，26（9）：132-138.

原毅军，谢荣辉，2016. 环境规制与工业绿色生产率增长：对“强波特假说”的再检验［J］. 中国软科学（7）：144-154.
申晨，贾妮莎，李炫榆，2017. 环境规制与工业绿色全要素生产率：基于命令-控制型与市场激励型规制工具的实证分析［J］. 研究与发展管理，29（2）：144-154.
徐建中，王曼曼，2018. FDI 流入对绿色技术创新的影响及区域比较［J］. 科技进步与对策，35（22）：36-43.
赵玉民，朱方明，贺立龙，2009. 环境规制的界定，分类与演进研究［J］. 中国人口资源与环境，19（6）：85-90.
张红凤，张细松，2012. 环境规制理论研究［M］. 北京：北京大学出版社.
赵敏，2013. 环境规制的经济学理论根源探究［J］. 经济问题探索（4）：152-155.
张华，魏晓平，2014. 绿色悖论抑或倒逼减排：环境规制对碳排放影响的双重效应［J］. 中国人口资源与环境，24（9）：21-29.
尚航标，蓝海林，黄培伦，2012. 动态环境下管理认知对战略竞争优势的效应研究［M］. 北京：经济科学出版社.
和苏超，黄旭，陈青，2016. 管理者环境认知能够提升企业绩效吗：前瞻型环境战略的中介作用与商业环境不确定性的调节作用［J］. 南开管理评论，19（6）：49-57.
尚航标，黄培伦，2010. 管理认知与动态环境下企业竞争优势：万和集团案例研究［J］. 南开管理评论（3）：70-79.
张文慧，张志学，刘雪峰，2005. 决策者的认知特征对决策过程及企业战略选择的影响［J］. 心理学报（3）：373-381.
许晓燕，赵定涛，洪进，2013. 绿色技术创新的影响因素分析［J］. 中南大学学报（社会科学版），19（2）：30.
贾军，张伟，2014. 绿色技术创新中路径依赖及环境规制影响分析［J］. 科学学与科学技术管理，35（5）：44-52.
贾军，2015. 外商直接投资与东道国绿色技术创新能力关联测度分析［J］. 科技进步与对策，32（9）：121-127.
岐洁，韩伯棠，曹爱红，2015. 区域绿色技术溢出与技术创新门槛效应研究：以京津冀及长三角地区为例［J］. 科学学与科学技术管理，36（5）：24-31.

李国祥，张伟，王亚君，2016. 对外直接投资，环境规制与国内绿色技术创新［J］. 科技管理研究，36（13）：227-231.
李多，董直庆，2016. 绿色技术创新政策研究［J］. 经济问题探索（2）：49-53.
王锋正，郭晓川，2016. 政府治理，环境管制与绿色工艺创新［J］. 财经研究，42（9）：30-40.
郭进，2019. 环境规制对绿色技术创新的影响：“波特效应”的中国证据［J］. 财贸经济，40（3）：147-160.
李婉红，毕克新，孙冰，2013. 环境规制强度对污染密集行业绿色技术创新的影响研究：基于2003—2010年面板数据的实证检验［J］. 研究与发展管理，25（6）：72-81.
李婉红，2015. 排污费制度驱动绿色技术创新的空间计量检验：以29个省域制造业为例［J］. 科研管理（6）：1-9.
毕克新，黄平，刘震，等，2015. 基于专利的我国制造业低碳技术创新产出分布规律及合作模式研究［J］. 情报学报，34（7）：701-710.
王锋正，姜涛，2015. 环境规制对资源型产业绿色技术创新的影响：基于行业异质性的视角［J］. 财经问题研究（8）：17-23.
王班班，齐绍洲，2016. 市场型和命令型政策工具的节能减排技术创新效应：基于中国工业行业专利数据的实证［J］. 中国工业经济（6）：91-108.
李婉红，2017. 中国省域工业绿色技术创新产出的时空演化及影响因素：基于30个省域数据的实证研究［J］. 管理工程学报，31（2）：9-19.
王旭，褚旭，2019. 中国制造业绿色技术创新与融资契约选择［J］. 科学学研究，37（2）：351-361.
雷善玉，王焕冉，张淑慧，2014. 环保企业绿色技术创新的动力机制：基于扎根理论的探索研究［J］. 管理案例研究与评论，7（4）：283-296.
王锋正，姜涛，郭晓川，2018. 政府质量、环境规制与企业绿色技术创新［J］. 科研管理，39（1）：26-33.
王锋正，陈方圆，2018. 董事会治理，环境规制与绿色技术创新：基于我国重污染行业上市公司的实证检验［J］. 科学学研究，36（2）：361-369.
李维安，王世权，2007. 利益相关者治理理论研究脉络及其进展探析［J］.

外国经济与管理，29（4）：10-17.
张兆国，刘晓霞，张庆，2009. 企业社会责任与财务管理变革：基于利益相关者理论的研究［J］. 会计研究（3）：54-59，95.
孟晓华，张曾，2013. 利益相关者对企业环境信息披露的驱动机制研究：以H石油公司渤海漏油事件为例［J］. 公共管理学报（3）：90-102.
吕永龙，梁丹，2003. 环境政策对环境技术创新的影响［J］. 环境污染治理技术与设备，4（7）：89-94.
张小军，2012. 企业绿色创新战略的驱动因素及绩效影响研究［D］. 杭州：浙江大学.
曹洪军，陈泽文，2017. 内外环境对企业绿色创新战略的驱动效应：高管环保意识的调节作用［J］. 南开管理评论（6）：95-103.
聂伟，2016. 环境认知、环境责任感与城乡居民的低碳减排行为［J］. 科技管理研究，36（15）：252-256.
姜雨峰，田虹，2014. 绿色创新中介作用下的企业环境责任、企业环境伦理对竞争优势的影响［J］. 管理学报，11（8）：1191-1198.
李胜兰，初善冰，申晨，2014. 地方政府竞争、环境规制与区域生态效率［J］. 世界经济，37（4）：88-110.
刘晶晶，2021. 环境规制对制造业绿色技术创新的影响［J］. 沈阳工业大学学报（社会科学版），14（6）：511-517.
李伟，贺灿飞，2021. 企业所有制结构与中国区域产业演化路径［J］. 地理研究，40（5）：1295-1319.
毕学成，谷人旭，曹贤忠，2019. 服务业过度发展是否抑制了工业企业创新：基于省域面板数据的实证分析［J］. 山西财经大学学报，41（11）：40-54.
张斌，李宏兵，陈岩，2019. 所有制混合能促进企业创新吗?：基于委托代理冲突与股东间冲突的整合视角［J］. 管理评论，31（4）：42-57.
刘和旺，郑世林，王宇锋，2015. 所有制类型、技术创新与企业绩效［J］. 中国软科学（3）：28-40.
穆献中，周文韬，胡广文，2022. 不同类型环境规制对全要素能源效率的影响［J］. 北京理工大学学报（社会科学版），24（3）：56-74.
徐建中，王曼曼，2018. FDI流入对绿色技术创新的影响及区域比较［J］. 科技进步与对策，35（22）：36-43.

申晨，贾妮莎，李炫榆，2017. 环境规制与工业绿色全要素生产率：基于命令-控制型与市场激励型规制工具的实证分析［J］. 研究与发展管理，29（2）：144-154.
齐绍洲，林屾，崔静波，2018. 环境权益交易市场能否诱发绿色创新?：基于我国上市公司绿色专利数据的证据［J］. 经济研究，53（12）：129-143.
张峰，任仕佳，殷秀清，2020. 高技术产业绿色技术创新效率及其规模质量门槛效应［J］. 科技进步与对策，37（7）：59-68.
董晓芳，袁燕，2014. 企业创新、生命周期与聚集经济［J］. 经济学（季刊），13（2）：767-792.
张宏，蔡淑琳，2022. 异质性企业环境责任与碳绩效的关系研究：媒体关注和环境规制的联合调节效应［J］. 中国环境管理，14（2）：112-119，88.
亚琨，罗福凯，王京，2022. 技术创新与企业环境成本："环境导向"抑或"效率至上"?［J］. 科研管理，43（2）：27-35.
和军，靳永辉，2021. 企业所有制性质与环境规制效果：基于上市企业数据的实证分析［J］. 经济问题探索（3）：43-52.
靳来群，2015. 所有制歧视下金融资源错配的两条途径［J］. 经济与管理研究，36（7）：36-43.
穆献中，周文韬，胡广文，2022. 不同类型环境规制对全要素能源效率的影响［J］. 北京理工大学学报（社会科学版），24（3）：56-74.
郭进，2019. 环境规制对绿色技术创新的影响："波特效应"的中国证据［J］. 财贸经济，40（3）：147-160.
张娟，耿弘，徐功文，等，2019. 环境规制对绿色技术创新的影响研究［J］. 中国人口·资源与环境，29（1）：168-176.
张小军，2012. 企业绿色创新战略的驱动因素及绩效影响研究［D］. 杭州：浙江大学.
曹洪军，陈泽文，2017. 内外环境对企业绿色创新战略的驱动效应：高管环保意识的调节作用［J］. 南开管理评论（6）：95-103.
汪丽，茅宁，龙静，2012. 管理者决策偏好，环境不确定性与创新强度：基于中国企业的实证研究［J］. 科学学研究，30（7）：1101-1109.
林慧婷，王茂林，2014. 管理者过度自信，创新投入与企业价值［J］. 经济管理（11）：94-102.
池国华，杨金，张彬，2016. EVA 考核提升了企业自主创新能力吗?：基于管理者风险特质及行业性质视角的研究［J］. 审计与经济研究（1）：55-64.
李海燕，2017. 管理者特质、技术创新与企业价值［J］. 经济问题（6）：91-97.
张淑惠，王瑞雯，2017. 管理者过度自信、内部控制与企业现金持有水平［J］. 南京财经大学学报（1）：53-59.
陈夙，吴俊杰，2014. 管理者过度自信、董事会结构与企业投融资风险：基于上市公司的经验证据［J］. 中国软科学（6）：109-116.
葛结根，2017. 并购对目标上市公司融资约束的缓解效应［J］. 会计研究（8）：68-73.
聂伟，2016. 环境认知、环境责任感与城乡居民的低碳减排行为［J］. 科技管理研究，36（15）：252-256.
姜雨峰，田虹，2014. 绿色创新中介作用下的企业环境责任，企业环境伦理对竞争优势的影响［J］. 管理学报，11（8）：1191-1198.
邓新明，刘禹，龙贤义，等，2020. 高管团队职能异质性与企业绩效关系研究：基于管理者认知和团队冲突的中介分析［J］. 管理工程学报，34（3）：32-44.
于迪，宋力，侯巧铭，2019. 管理者认知能力与并购业绩承诺的实现：基于业绩补偿方式中介效应和股权激励调节效应［J］. 财经问题研究（12）：137-143.
齐绍洲，林屾，崔静波，2018. 环境权益交易市场能否诱发绿色创新?：基于我国上市公司绿色专利数据的证据［J］. 经济研究，53（12）：129-143.
沈坤荣，金刚，方娴，2017. 环境规制引起了污染就近转移吗?［J］. 经济研究（52）：44-59.
OSTORM E, 1986. Guidance, control, and evaluation in public sector [M]. Berlin: Walter De Gruijter Inc, 459-475.
MARSHALL A. 1890. The address of the president of section F--Economic Science and Statistics--of the British Association, at the Sixtiet Meeting, held at Leeds, in September, 1890 [J]. Journal of the royal statistical society, 53

(4): 612-643.

PIGOU A C, 1920. Some problems of foreign exchange [J]. The economic journal, 30 (120): 460-472.

STIGLER G J, 1989. Two notes on the Coase theorem [J]. The yale law journal, 99 (3): 631-633.

SPULBER D F, 1999. Market microstructure: intermediaries and the theory of the firm [M]. Cambridge: Cambridge University Press.

OSTORM E, 1986. Guidance, control, and evaluation in public sector [M]. Berlin: Walter De Gruijter Inc, 459-475.

BAUMOL W J, BAUMOL W J, OATES W E, et al., 1988. The theory of environmental policy [M]. Cambridge: Cambridge university press.

MALUEG D A, 1989. Emission credit trading and the incentive to adopt new pollution abatement technology [J]. Journal of environmental economics and management, 16 (1): 52-57.

PARGAL S, WHEELER D, 1996. Informal regulation of industrial pollution in developing countries: evidence from Indonesia [J]. Journal of political economy, 104 (6): 1314-1327.

KEMP R, NORMAN M E, 1998. Environmental policy and technical change: a comparison of the technological impact of policy instruments [J]. Environmental conservation, 25 (1): 83.

KATHURIA V, 2007. Informal regulation of pollution in a developing country: Evidence from India [J]. Ecological economics, 63 (2-3): 403-417.

BLOHMKE J, KEMP R, TÜRKELI S, 2016. Disentangling the causal structure behind environmental regulation [J]. Technological forecasting and social change (103): 174-190.

XIE R, YUAN Y, HUANG J, 2017. Different types of environmental regulations and heterogeneous influence on "green" productivity: evidence from China [J]. Ecological economics (132): 104-112.

ANTWEILER W, COPELAND B R, TAYLOR M S, 2001. Is free trade good for the environment? [J]. American economic review, 91 (4): 877-908.

COPELAND B R, TAYLOR M S, 2001. International Trade and the Environment: A Framework for Analysis [R]. National Bureau of Economic Research, Inc.

COLE M A, ELLIOTT R J R, 2003. Do environmental regulations influence trade patterns? Testing old and new trade theories [J]. World Economy, 26 (8): 1163-1186.

WANG Y, SHEN N, 2016. Environmental regulation and environmental productivity: The case of China [J]. Renewable and sustainable energy reviews (62): 758-766.

WALTER I, UGELOW J L, 1979. Environmental policies in developing countries [J]. Ambio, 102-109.

XU X, 2000. International trade and environmental regulation: time series evidence and cross section test [J]. Environmental and resource economics, 17 (3): 233-257.

BRAUN E, WIELD D, 1994. Regulation as a means for the social control of technology [J]. Technology analysis & strategic management, 6 (3): 259-272.

KAWAI K, 2005. Design for product innovation: System Development and Beyond [M]. Soft Computing as Transdisciplinary Science and Technology. Springer, Berlin, Heidelberg, 4-5.

CHENG C C, SHIU E C, 2012. Validation of a proposed instrument for measuring eco-innovation: An implementation perspective [J]. Technovation, 32 (6): 329-344.

JAMES P, 1997. The sustainability cycle: a new tool for product development and design [J]. The journal of sustainable product design, 52-57.

RAMUS C A, STEGER U, 2000. The roles of supervisory support behaviors and environmental policy in employee "Ecoinitiatives" at leading-edge European companies [J]. Academy of management journal, 43 (4): 605-626.

HORBACH J, RAMMER C, RENNINGS K, 2012. Determinants of eco-innovations by type of environmental impact—The role of regulatory push/pull, technology push and market pull [J]. Ecological economics (78): 112-122.

WAGNER M, 2007. On the relationship between environmental management, environmental innovation and patenting: evidence from German manufacturing firms [J]. Research policy, 36 (10): 1587-1602.

SCHAEFER A, 2007. Contrasting institutional and performance accounts of environmental management systems: Three case studies in the UK water & sewerage industry [J]. Journal of management studies, 44 (4): 506-535.

HORBACH J, 2008. Determinants of environmental innovation—New evidence from German panel data sources [J]. Research policy, 37 (1): 163-173.

EIADAT Y, KELLY A, ROCHE F, et al., 2008. Green and competitive? An empirical test of the mediating role of environmental innovation strategy [J]. Journal of world business, 43 (2): 131-145.

LEE S Y, 2008. Drivers for the participation of small and medium-sized suppliers in green supply chain initiatives [J]. Supply chain management: an international journal, 13 (3): 185-198.

DEMIREL P, KESIDOU E, 2011. Stimulating different types of eco-innovation in the UK: government policies and firm motivations [J]. Ecological economics, 70 (8): 1546-1557.

KEMP R, PONTOGLIO S, 2011. The innovation effects of environmental policy instruments—a typical case of the blind men and the elephant? [J]. Ecological economics (72): 28-36.

CHANG C H, 2011. The influence of corporate environmental ethics on competitive advantage: The mediation role of green innovation [J]. Journal of business ethics, 104 (3): 361-370.

DUBEY R, GUNASEKARAN A, ALI S S, 2015. Exploring the relationship between leadership, operational practices, institutional pressures and environmental performance: a framework for green supply chain [J]. International journal of production economics, 160: 120-132.

ROPER S, TAPINOS E, 2015. Taking risks in the face of uncertainty: an exploratory analysis of green innovation [J]. Technological forecasting and social Change (112): 357-363.

COOKE P, 2010. Regional innovation systems: development opportunities from the green turn [J]. Technology analysis & strategic management, 22 (7): 831-844.

CRESPI F, GHISETTI C, QUATRARO F, 2015. Environmental and innovation policies for the evolution of green technologies: a survey and a test [J]. Eurasian Business review, 5 (2): 343-370.

REINGANUM J F, 2015. On the diffusion of new technology: a game theoretic approach [J]. The review of economic studies, 48 (3): 395-405.

CANTONO S, SILVERBERG G, 2009. A percolation model of eco-innovation diffusion: the relationship between diffusion, learning economies and subsidies [J]. Technological forecasting and social change, 76 (4): 487-496.

KRASS D, NEDOREZOV T, OVCHINNIKOV A, 2013. Environmental taxes and the choice of green technology [J]. Production and operations management, 22 (5): 1035-1055.

GIL-MOLTÓ M J, VARVARIGOS D, 2013. Emission taxes and the adoption of cleaner technologies: the case of environmentally conscious consumers [J]. Resource and energy economics, 35 (4): 486-504.

COHEN M C, LOBEL R, PERAKIS G, 2016. The impact of demand uncertainty on consumer subsidies for green technology adoption [J]. Management science, 62 (5): 1235-1258.

DUTTON J E, JACKSON S E, 1987. Categorizing strategic issues: Links to organizational action [J]. Academy of management review, 12 (1): 76-90.

CHILD J, 1972. Organizational structure, environment and performance: The role of strategic choice [J]. Sociology, 6 (1): 1-22.

PENROSE E, PENROSE E T, 2009. The theory of the growth of the firm [M]. Oxford: Oxford university press.

PORTER M E, VAN DER LINDE C, 1995. Toward a new conception of the environment-competitiveness relationship [J]. Journal of economic perspectives, 9 (4): 97-118.

AMBEC S, BARLA P, 2002. A theoretical foundation of the Porter hypothesis [J]. Economics letters, 75 (3): 355-360.

DOMAZLICKY B R, WEBER W L, 2004. Does environmental protection lead to slower productivity growth in the chemical industry? [J]. Environmental and resource economics, 28 (3): 301-324.

COLE M A, ELLIOTT R J R, OKUBO T, 2010. Trade, environmental regulations and industrial mobility: an industry-level study of Japan [J]. Ecological economics, 69 (10): 1995-2002.

CHINTRAKARN P, 2008. Environmental regulation and US states' technical inefficiency [J]. Economics letters, 100 (3): 363-365.

RAMANATHAN R, BLACK A, NATH P, et al., 2010. Impact of environmental regulations on innovation and performance in the UK industrial sector [J]. Management Decision.

TESTA F, IRALDO F, FREY M, 2011. The effect of environmental regulation on firms' competitive performance: The case of the building & construction sector in some EU regions [J]. Journal of environmental management, 92 (9): 2136-2144.

MINGHUA L, YONGZHONG Y, 2011. Environmental regulation and technology innovation: Evidence from China [J]. Energy procedia (5): 572-576.

PERINO G, REQUATE T, 2012. Does more stringent environmental regulation induce or reduce technology adoption? When the rate of technology adoption is inverted U-shaped [J]. Journal of environmental economics and management, 64 (3): 456-467.

WANG Y, SHEN N, 2016. Environmental regulation and environmental productivity: The case of China [J]. Renewable and sustainable energy reviews (62): 758-766.

WEITZMAN M L, 1974. Prices vs. quantities [J]. The review of economic studies, 41 (4): 477-491.

MILLIMAN S R, PRINCE R, 1989. Firm incentives to promote technological change in pollution control [J]. Journal of environmental economics and management, 17 (3): 247-265.

MONTERO J P, 2002. Permits, standards, and technology innovation [J]. Journal of environmental economics and management, 44 (1): 23-44.

KEMP R, PONTOGLIO S, 2011. The innovation effects of environmental policy instruments—A typical case of the blind men and the elephant? [J]. Ecological economics (72): 28-36.

ALPAY E, KERKVLIET J, BUCCOLA S, 2002. Productivity growth and environmental regulation in Mexican and US food manufacturing [J]. American journal of agricultural economics, 84 (4): 887-901.

MICKWITZ P, HYVäTTINEN H, KIVIMAA P, 2008. The role of policy instruments in the innovation and diffusion of environmentally friendlier technologies: popular claims versus case study experiences [J]. Journal of cleaner production, 16 (1): S162-S170.

FISCHER C, PARRY I W H, PIZER W A, 2003. Instrument choice for environmental protection when technological innovation is endogenous [J]. Journal of environmental economics and management, 45 (3): 523-545.

ZHAO X, ZHAO Y, ZENG S, et al., 2015. Corporate behavior and competitiveness: impact of environmental regulation on Chinese firms [J]. Journal of cleaner production (86): 311-322.

XIE R, YUAN Y, HUANG J, 2017. Different types of environmental regulations and heterogeneous influence on "green" productivity: evidence from China [J]. Ecological economics (132): 104-112.

WALZ R, SCHLEICH J, RAGWITZ M, 2011. Regulation, innovation and wind power technologies-an empirical analysis for OECD countries [C]. DIME Final Conference (6): 8.

WALSH J P, 1995. Managerial and organizational cognition: notes from a trip down memory lane [J]. Organization science, 6 (3): 280-321.

LAMBERG J A, TIKKANEN H, 2006. Changing sources of competitive advantage: cognition and path dependence in the Finnish retail industry 1945-1995 [J]. Industrial and corporate change, 15 (5): 811-846.

KAPLAN S, 2008. Cognition, capabilities, and incentives: Assessing firm response to the fiber-optic revolution [J]. Academy of management journal, 51 (4): 672-695.

STAW B M, SANDELANDS L E, DUTTON J E, 1981. Threat rigidity effects in organizational behavior: a multilevel analysis [J]. Administrative science quarterly: 501-524.

SHARMA S, NGUAN O, 1999. The biotechnology industry and strategies of biodiversity conservation: the influence of managerial interpretations and risk propensity [J]. Business strategy and the environment, 8 (1): 46-61.

WHITE J C, VARADARAJAN P R, DACIN P A, 1999. Market situation interpretation and response: The role of cognitive style, organizational culture, and information use [J]. Journal of marketing, 67 (3): 63-79.

WALSH J P, FAHEY L, 1986. The role of negotiated belief structures in strategy making [J]. Journal of management, 12 (3): 325-338.

KEMP R, PEARSON P, 2007. Final report MEI project about measuring eco-innovation [J]. UM Merit, Maastricht, 10 (2): 1-120.

ZAILANI S, IRANMANESH M, NIKBIN D, et al., 2014. Determinants and environmental outcome of green technology innovation adoption in the transportation industry in Malaysia [J]. Asian journal of technology innovation, 22 (2): 286-301.

ANEX R P, 2000. Stimulating innovation in green technology: policy alternatives and opportunities [J]. American behavioral scientist, 44 (2): 188-212.

EIADAT Y, KELLY A, ROCHE F, et al., 2008. Green and competitive? An empirical test of the mediating role of environmental innovation strategy [J]. Journal of world business, 43 (2): 131-145.

TRIEBSWETTER U, WACKERBAUER J, 2008. Integrated environmental product innovation in the region of Munich and its impact on company competitiveness [J]. Journal of cleaner production, 16 (14): 1484-1493.

OLTRA V, SAINT JEAN M, 2009. Sectoral systems of environmental innovation: an application to the French automotive industry [J]. Technological forecasting and social change, 76 (4): 567-583.

LEE C W, 2010. The effect of environmental regulation on green technology innovation through supply chain integration [J]. International journal of sustainable economy, 2 (1): 92-112.

PORTER M E, VAN DER LINDE C, 1995. Toward a new conception of the environment-competitiveness relationship [J]. Journal of economic perspectives, 9 (4): 97-118.

AMBEC S, COHEN M A, ELGIE S, et al., 2020. The Porter hypothesis at 20: can environmental regulation enhance innovation and competitiveness? [J]. Review of environmental economics and policy.

SCOTT W R, 1995. Institutions and organizations [M]. Thousand Oaks, CA: Sage.

OLIVER C, 1997. Sustainable competitive advantage: combining institutional and resource - based views [J]. Strategic management journal, 18 (9):

697-713.

DIMAGGIO P J, POWELL W W, 1983. The iron cage revisited: Institutional isomorphism and collective rationality in organizational fields [J]. American sociological review, 147-160.

OLIVER C, 1991. Strategic responses to institutional processes [J]. Academy of management review, 16 (1): 145-179.

SUDDABY R, ELSBACH K D, GREENWOOD R, et al., 2010. Organizations and their institutional environments—Bringing meaning, values, and culture back in: Introduction to the special research forum [J]. Academy of management journal, 53 (6): 1234-1240.

EICHNER T, RUNKEL M, 2014. Subsidizing renewable energy under capital mobility [J]. Journal of Public Economics (117): 50-59.

OGAWA H, WILDASIN D E, 2009. Think locally, act locally: Spillovers, spillbacks, and efficient decentralized policymaking [J]. American economic review, 99 (4): 1206-17.

OGAWA H, WILDASIN D, 2009. Think locally, act locally: Spill-overs, spillbacks, and efficient decentralized policymaking [J]. American economic review (99): 1206-2017.

TUGGLE C S, SIRMON D G, REUTZEL C R, et al., 2010. Commanding board of director attention: investigating how organizational performance and CEO duality affect board members' attention to monitoring [J]. Strategic management journal, 31 (9): 946-968.

TEECE D J, PISANO G, SHUEN A, 1997. Dynamic capabilities and strategic management [J]. Strategic management journal, 18 (7): 509-533.

JAFFE A B, PALMER K, 1997. Environmental regulation and innovation: a panel data study [J]. Review of economics and statistics, 79 (4): 610-619.

KEMP R, PONTOGLIO S, 2011. The innovation effects of environmental policy instruments: A typical case of the blind men and the elephant? [J]. Ecological economics, 72 (1725): 28-36.

CHEN Z, MATTHEW E K, YU L, et al., 2018. The consequences of spatially differentiated water pollution regulation in China [J]. Journal of environmental economics and management, 88.

SCHWENK C R, 1984. Cognitive simplification processes in strategic decision - making [J]. Strategic management journal, 5 (2): 111-128.

TUGGLE C S, SIRMON D G, REUTZEL C R, et al., 2010. Commanding board of director attention: investigating how organizational performance and CEO duality affect board members' attention to monitoring [J]. Strategic management journal, 31 (9): 946-968.

LANDIER A, THESMAR D, 2008. Financial contracting with optimistic entrepreneurs [J]. The review of financial studies, 22 (1): 117-150.

后　记

在当今全球环境下，环境问题已备受瞩目，国际社会和生态环境带来的减排压力日益加大。为应对这一挑战，环境保护的战略地位进一步提升，我国政府实施了多项严格的环境规制措施。尽管如此，在我国制造业大国的背景下，不少企业在面对这些环境规制时，仍倾向于采取被动和防御性的策略，其主要依赖生产结束后的治理技术，而非从生产源头或过程中进行污染防控。这种做法导致企业运营成本持续偏高，竞争力提升困难，同时也无法满足消费者对绿色产品日益增长的需求。因此，企业必须主动出击，积极投身绿色技术创新，制定以绿色发展为核心的环境管理策略。这包括研发具有竞争力的新型工艺、技术、系统和产品，并严格控制环境污染，力求将其影响降至最低水平，从而实现经济社会与生态环境的和谐、全面和可持续发展。

本书是基于2023年度江苏高校哲学社会科学研究一般项目“协同创新视角下环境规制对企业绿色技术创新的影响研究——以江苏省为例”（项目编号：2023SJYB1948）和江苏高校青蓝工程项目资助下的研究成果，深入探讨了不同环境规制对企业的具体影响，以及为何和如何引入管理者环境认知到环境规制与绿色技术创新中。管理者的环境认知是否会影响绿色技术创新？如果会，又会以何种方式影响？在不同市场主体形成博弈的情况下，企业应该如何选择绿色发展战略以促进环境规制下的绿色技术创新？在环境规制对绿色技术创新影响机制下，企业应如何选择绿色技术路线？这些问题都在本书中进行了探讨，不仅对企业的未来发展具有重要的现实意义，也为政策制定者提供了宝贵的参考。希望本书能够为广大读者，特别是从事环境管理、技术创新及政策研究的专业人士提供有益的启示和帮助，共同推动我国绿色技术创新的发展，实现经济与环境的双赢。

在本书的写作和研究过程中，我得到了许多人的支持和帮助。我要特别感谢我的导师——中国矿业大学经济管理学院卜华教授，事实上本书起源也来自导师的启发，在整个博士学习期间，我也一直扎根在绿色技术创新领域的研究。卜老师为人治学严谨、低调谦和、浪漫且真诚，他在学术上的睿智和在生活中的清醒深深地影响着我对世界、对生活的看法。同时我要感谢我的同门师兄妹们，在每一次学术报告分享会中，他们在研究中使用的创新方法和思路给了我极大的启发，同门之间不用去考虑任何人际关系的互相迁就，总是以最直接的方式去剖析问题，正是这一次次酣畅淋漓的知识碰撞，让我的思维也变得更为开阔。再一次感谢为本书的研究和写作提供过帮助的同事和朋友。

陈秀秀

2024 年 12 月